职业院校数控技术应用专业规划教材

数控加工工艺

郎一民◎主编
朱鹏超◎主审

中国铁道出版社有限公司
CHINA RAILWAY PUBLISHING HOUSE CO., LTD.

内 容 简 介

全书分3篇,共9章。第1篇数控加工工艺基础,主要内容包括数控机床概述、数控刀具、数控加工工艺基础;第2篇和第3篇分别为数控车削加工工艺基础和数控铣床(加工中心)加工工艺基础,主要内容包括数控车床、数控铣床(加工中心)的刀具与夹具的分类与选择,工艺路线的确定,切削用量的设置,典型零件的加工工艺与加工工艺路线的制订、设计、分析及各类典型零件工艺编制。

全书的编写力求反映新技术、新工艺、新标准,内容丰富、简洁明了、结合实际。全书易教、易学、图文并茂,是具有现代职业教育特色的教材。

本书适合作为职业院校数控技术应用及相关专业的教材,也可作为有关行业的岗位培训教材和相关工作人员的参考用书。

图书在版编目(CIP)数据

数控加工工艺/郎一民主编. —2版. —北京:中国铁道出版社
有限公司,2021.10
职业院校数控技术应用专业规划教材
ISBN 978-7-113-28141-0

Ⅰ.①数… Ⅱ.①郎… Ⅲ.①数控机床-加工-职业教育-教材
Ⅳ.①TG659

中国版本图书馆 CIP 数据核字(2021)第 129279 号

书　　名:**数控加工工艺**
作　　者:郎一民

策　　划:张松涛	编辑部电话:(010)83529867
责任编辑:张松涛　包　宁	
封面设计:刘　颖	
责任校对:苗　丹	
责任印制:樊启鹏	

出版发行:中国铁道出版社有限公司(100054,北京市西城区右安门西街 8 号)
网　　址:http://www.tdpress.com/51eds/
印　　刷:三河市兴达印务有限公司
版　　次:2015 年 8 月第 1 版　2021 年 10 月第 2 版　2021 年 10 月第 1 次印刷
开　　本:787 mm×1 092 mm 1/16　印张:14　字数:330 千
书　　号:ISBN 978-7-113-28141-0
定　　价:38.00 元

前　　言

本书是根据教育部职业教育与成人教育司关于数控技术应用专业技能型紧缺人才培养方案的指导思想和最新的数控技术应用专业教学计划,结合职业院校培养具有实际操作技能型人才为目标进行编写。

本书从培养学生综合职业能力出发,在内容编排上以突出实际应用为主导、以数控加工工艺为主线,从数控加工设备、刀具与夹具的选择、工艺路线的确定到切削用量的设置等方面全面系统地阐述了数控车、铣的工艺特点,工艺技巧,典型零件工艺对比分析及加工工艺的制订。本书打破原有学科教学体系,形成了一个全新的教学内容体系。本书在编写过程中力求反映新技术、新工艺、新标准,内容丰富、简洁明了、结合实际。

本书面对现实、讲求实效、深浅适度、通俗易懂、结构清晰、层次性强,并且易教、易学、图文并茂,是具有现代职业教育特色的教材。全书共分3篇,共9章。第1篇为数控加工工艺基础,第2篇为数控车削加工工艺基础,第3篇为数控铣床(加工中心)加工工艺基础。同时,每章都安排了一定量具有针对性、可操作性和实用性强的典型实例,各章都附有小结及大量复习题,方便广大师生参考。

本书教学学时数为80学时,学时建议如下(仅供参考)。

序　号	具　体　内　容	学　时　数	
1	数控机床概述	6	
2	数控刀具	6	
3	数控加工工艺基础	12	
4	数控车削加工概述	6	
5	数控车削加工工艺	8	80
6	数控车削加工工艺的应用	14	
7	数控铣床(加工中心)加工概述	6	
8	数控铣床(加工中心)加工工艺	8	
9	数控铣床(加工中心)加工工艺的应用	14	

本书由郎一民任主编,参与编写的有马红军、程福顺、宋瑞东、李又李、张利梅、张巍巍。

全书由湖南铁道职业技术学院朱鹏超教授主审,他对本书的编写提出了宝贵意见,在此表示感谢。

由于编者水平有限,加之编写时间仓促,书中难免有一些不足或疏漏,敬请各位读者批评指正。

编　者
2021 年 6 月

目　　录

第1篇　数控加工工艺基础

第1章
数控机床概述

学习目标

➤掌握数控机床的工作过程与组成，以及数控机床的分类和特点。

➤理解数控机床坐标系、工件坐标系、参考点、对刀点和换刀点及它们之间的关系。

➤熟悉数控机床加工的发展趋势。

数控机床是一种装有程序控制系统的自动化机床，能够应用数字化信息对机械运动及加工过程进行控制，实现刀具与工件的相对运动，从而加工出所需要的零件(产品)。它主要由计算机硬件和软件组成。它的突出特点是利用存储在存储器里的软件控制系统来工作。另外，系统还可以通过升级计算机软件扩大其使用功能，而且柔性好、可靠性高。

1.1　数控机床的工作过程与组成

1.1.1　数控机床的工作过程

数控机床是一种装有程序控制系统的自动化机床，一般由输入/输出装置(CNC装置)、伺服系统、驱动装置、运算器(PLC装置)及电气控制装置、辅助装置、机床本体及测量反馈装置组成，其工作过程框图如图1-1所示。

数控机床是集机床、计算机、电动机及拖动、自动控制、检测等技术为一体的自动化设备。在加工零件时，首先应将加工零件的几何信息和工艺信息编制成加工程序，由输入部分送入数控装置，经过数控装置的处理、运算，按各坐标轴的分量送到各轴的驱动电路，经过译码、运算、放大后驱动伺服电动机带动主轴和工作台工作，并进行反馈控制，使刀具与工件及其他辅助装置严格地按照加工程序规定的顺序、轨迹进行有条不紊的工作,从而加工出符合编程设计要求的零件。数控机床较普通机床而言,具有柔性高、精度高、生产率高、稳定性高、可靠性高、自动化和智能化程度高、适应性强等优点,是现代机床控制技术的发展方向,是一种典型的机电一体化产品。

图 1-1　数控机床的工作过程框图

1.1.2　数控机床的组成

数控机床的基本组成包括:输入/输出装置、控制介质、数控装置、进给伺服系统、主轴传动系统、测量反馈装置、机床主体和其他辅助装置。

(1)输入/输出装置。输入装置是将数控指令输入给数控装置。根据程序载体的不同,相应有不同的输入装置。目前主要有键盘输入(可利用操作面板上的键盘输入加工程序)、磁盘输入、CAD/CAM 系统直接通信方式输入、连接上级计算机的 DNC(直接数控)输入(该方式多用于采用CAD/CAM 软件设计的复杂工件并直接生成零件程序的输入,因此在使用数控机床时必须与其建立网络联系,以实现程序的传输)。

输出装置则根据控制器的命令接收运算器的输出脉冲,并把它送到各坐标的伺服控制系统,经过功率放大驱动伺服系统,从而控制机床按规定要求运动。

(2)控制介质。控制介质是指加工程序载体。零件加工程序以指令的形式记载各种加工信息,如零件加工的工艺过程、工艺参数、刀具运动和辅助运动等。常见的控制介质有:传统式穿孔纸带、盒式磁带、软磁盘等,目前广泛采用的是键盘、网络传输、移动硬盘、闪存卡及 U 盘等,常用控制介质如图 1-2 所示。

(a)移动硬盘　　　　　　　　(b)闪存卡　　　　　　　　(c)U 盘

图 1-2　常用控制介质

（3）数控装置。数控装置是数控机床的核心，其功能是接收输入的加工信息，经过数控装置的系统软件和逻辑电路进行译码、运算和逻辑处理，向伺服系统发出相应的脉冲，并通过伺服系统控制机床运动部件按加工程序指令运动，数控装置如图1-3所示。

（4）进给伺服系统。进给伺服系统包括驱动装置和执行机构两大部分。驱动装置是数控系统的执行元件，如图1-4所示，其主要功能是把来自数控装置的微弱脉冲指令信息，经过功率放大后，严格按照指令信息的要求驱动机床的伺服电动机，如图1-5所示，电动机旋转驱动运动部件完成指令规定的运动。一般伺服单元由进给驱动、主轴驱动和位置驱动三个部分组成。

图1-3　数控装置　　　　　图1-4　驱动装置　　　　　图1-5　伺服电动机

执行机构是数控装置与机床本体之间的电传动联系环节，也是数控系统的执行部分。多采用伺服电动机（步进电动机）直接带动滚珠丝杠旋转，滚珠丝杠经过丝杠螺母副与传动部件相连。从而带动传动部件运动实现对工件的切削加工。其结构如图1-6所示。

由于伺服系统是数控机床的最后环节，其性能将直接影响数控机床的精度和速度等技术指标，因此，伺服系统的性能决定了数控系统的精度与快速响应性能。

图1-6　滚珠丝杠螺母副结构图
1—滚珠丝杠；2—螺母；3—滚珠；4—回珠器

（5）主轴传动系统。主轴传动系统是数控机床的重要部件之一，它带动刀具或工件旋转，完成切削，其精度、抗振性和热变形对加工质量有直接影响。数控机床常见的主轴传动系统图，如图1-7所示。

主传动系统主要有三种变速方式。第一种是两级齿轮变速系统，变速装置多采用齿轮结构，如图1-7（a）所示。第二种是一级带传动变速系统，多采用同步齿形带传动装置，如图1-7（b）所示。第三种是主轴调速电动机直接驱动系统如图1-7（c）所示。

（a）两级齿轮变速系统　　（b）一级带传动变速系统　　（c）主轴调速电动机直接驱动系统

图 1-7　数控机床常见的主轴传动系统图

（6）测量反馈装置。测量反馈装置对于生产型数控机床来说，是将各坐标轴的实际位移检测出来的信号值经反馈系统反馈到机床的数控装置中，数控装置对反馈回来的实际位移检测出来的信号值与指令值进行比较修正，并向伺服系统输出达到设定值所需的位移量指令。

常用的位置检测元件有直线光栅尺，如图 1-8 所示。另外，还有通过检测所发脉冲的周期来完成数字化的速度检测元件光电脉冲编码器，如图 1-9 所示。

图 1-8　直线光栅尺

图 1-9　光电脉冲编码器

（7）机床主体。数控系统对机床主体部分的结构设计提出了高精度、高刚度、高抗振性、高谐振频率、低转动惯量、低摩擦、增加阻尼及较小热变形等要求。

机床主体主要包括床身、导轨、底座、立柱、横梁、滑座、工作台、主轴箱、进给机构、刀架及自动换刀装置等机械部件，它使数控系统的各种运动和动作指令转换成准确的机械运动，以实现数控机床的各种切削加工任务。

对于导轨目前普遍采用高传动效率、高精度、无间隙的滑动导轨及滚动导轨。滑动导轨，如图 1-10 所示，除了经济型机床外在生产型机床上很少使用。广泛应用的是滚动导轨，如图 1-11 所示，它是在导轨面之间放置滚珠、滚柱、滚针等滚动体，使导轨面之间的滑动摩擦变为滚动摩擦。另外，还有液体静压导轨和空气静压导轨等。

（8）其他辅助装置。其他辅助装置包括气动、冷却、液压及排屑等装置，链式排屑装置如图 1-12 所示，另外，还有防护、照明、润滑、回转工作台、数控分度头等各种辅助装置，数控回转工作台如图 1-13 所示。

图 1-10　滑动导轨

图 1-11　滚动导轨

图 1-12　链式排屑装置

图 1-13　数控回转工作台

 拓展延伸

　　数控机床的诞生与发展先后经历了电子管（1952 年），晶体管采用印制电路板（1959 年），小规模集成电路（1965 年），大规模集成电路及小型计算机（1970 年），微处理器为核心和微型机算机有字符显示、自诊断功能（1974 年）等五代数控系统。

1.2　数控机床的分类

　　数控机床的种类、规格繁多，从各种不同的角度、技术及经济指标出发，可以对数控机床进行各种不同的分类。一般可以按工艺用途、运动控制轨迹、进给伺服系统有无检测装置以及可控制联动轴数等进行分类。

1.2.1　按工艺用途分类

　　（1）金属切削类数控机床。金属切削类数控机床主要有数控车床（见图 1-14）、数控铣床（见图 1-15）。另外，还包括数控钻床、数控磨床、数控镗床以及加工中心等。

　　（2）金属成型类数控机床。金属成型类数控机床是用金属成型的方法使毛坯成为成品或半成品的机床，包括数控折弯机、数控组合冲床和数控回转头压力机等。

　　（3）数控特种加工机床。数控特种加工机床主要有数控线切割机床（见图 1-16）、数控电火花加工机床（见图 1-17），另外，还包括火焰切割机和数控激光切割机床等。

图 1-14　数控车床

图 1-15　数控铣床

图 1-16　数控线切割机床

图 1-17　数控电火花加工机床

1.2.2　按运动控制轨迹分类

（1）点位控制数控机床。点位控制是指只控制机床移动部件的终点位置，而不管移动部件所走的轨迹如何，可以一个坐标移动，也可以两个坐标同时移动，在移动过程中不进行切削。这种控制方法主要用于数控钻床、数控镗床和数控坐标镗床、数控点焊机和数控折弯机等。

（2）直线控制数控机床。直线控制方式就是刀具与工件相对运动时，除控制从起点到终点的准确定位外，还要保证平行坐标轴的直线切削运动，也可以按 45°进行斜线加工，但不能按任意斜率进行切削。主要包括不带插补的简易数控车床、数控磨床及数控镗铣床等。

（3）轮廓控制数控机床。轮廓控制数控机床又称"连续切削轮廓控制数控机床"是指刀具与工件做相对运动时，能对两个或两个以上坐标轴的运动同时进行控制。这类机床包括数控车床、数控铣床、加工中心等。其相应的数控装置称为轮廓控制装置。轮廓控制数控装置比点位、直线控制装置结构复杂得多、功能也全，同时价格也相应较贵。

1.2.3　按进给伺服系统有无检测装置分类

（1）开环进给伺服控制系统数控机床。开环进给伺服控制系统是指不带反馈的控制系统，即系统没有位置反馈元件，伺服驱动元件一般为功率步进电动机或电液伺服电动机。输入的数据经过数控系统的运算，发出脉冲指令，通过环形分配器和驱动电路，使步进电动机或电液伺服电动机转过一个步距角。在经过减速齿轮带动丝杠旋转，最后转为工作台的直线移动。移动部件的移动速度和位移量由输入脉冲的频率和脉冲数决定，其控制系统框图如图 1-18 所示。

图 1-18   开环进给伺服控制系统框图

这类系统具有结构简单、调试方便、维修简单、价格低廉等优点,在精度和速度要求不高、驱动力矩不大的场合得到广泛应用。

(2)全闭环进给伺服控制系统数控机床。全闭环进给伺服控制系统是在机床的移动部件上直接装有位置检测装置,将测量的结果直接反馈到数控系统装置中,与输入的指令位移进行比较,从而使移动部件按照实际的要求运动,最终实现精确定位,其控制系统框图如图 1-19 所示。

图 1-19   全闭环进给伺服控制系统框图

该系统主要应用于精度要求很高的数控镗铣床、超精车床、超精磨床以及较大型的数控机床等。

(3)半闭环进给伺服控制系统数控机床。半闭环进给伺服控制系统是将角位移检测元件安装在伺服电动机的轴上或滚珠丝杠的端部,不直接反馈机床的位移量,而是检测伺服机构的转角,将此信号反馈给数控装置进行指令值比较,利用其差值控制伺服电动机转动。由于惯性较大的机床移动部件不包括在检测范围之内,因而成为半闭环控制系统,其控制系统框图如图 1-20 所示。

由于该系统结构简单、调试方便、精度较高,价格相对全闭环数控机床较低,因而在现代 CNC 机床中得到了广泛应用。

图 1-20   半闭环进给伺服控制系统

拓展延伸

【经济型】开环控制、单片机的 CNC 采用数码管或单色小液晶显示,步进电动机驱动;【普及型】半闭环控制、8 位或 32 位 CPU 的 CNC、9 英寸(1 英寸＝2.54cm)单色显示器、无图形彩色显示,伺服电动机驱动;【高档型】全闭环控制、32 位或 64 位 CPU 的 CNC、彩色或 TFT 液晶显示器、图形显示、有 DNC 和网络功能、可扩展数字仿形等功能,有良好的用户编程界面。

1.2.4 按可控制联动轴数分类

数控机床可控制联动的坐标轴,是指数控装置控制几个伺服电动机,同时驱动机床移动部件运动的坐标轴数目。

(1)两坐标联动数控机床是指能同时控制两个坐标轴联动,如某些数控车床加工旋转曲面回转体、数控镗床镗铣削加工斜面轮廓等。

(2)三坐标联动数控机床是指能同时控制三个坐标轴联动,适用于曲率半径变化较大和精度要求较高的曲面的加工,如一般的型腔模具均可用三轴联动的数控机床加工。

(3)两轴半坐标联动数控机床是指机床本身有三个坐标能做三个方向的运动,但控制装置只能同时控制两个坐标,而第三个坐标只能做等距周期移动。

两轴半坐标联动曲面加工如图 1-21 所示,当加工空间曲面零件时,先是 X 轴和 Z 轴坐标联动加工曲线,接下来 Y 轴做步进运动,然后 X 轴和 Z 轴再联动加工曲线,Y 轴再做步进运动,经过多次循环最终加工出整个曲面。

(4)多坐标联动数控机床是指能同时控制四轴及四轴以上坐标轴联动。加工曲面类零件最理想的是选用多坐标联动数控机床。

多坐标轴联动曲面加工如图 1-22 所示。除了刀具可按一定角度 β 旋转切削以外,工作台也可沿着 X、Y、Z 三个方向做直线进给运动,另外,它还可以带动工件绕 X 轴旋转轴(A 向)旋转进给、Y 轴旋转轴(B 向)进给及绕 Z 轴旋转轴(C 向)向进给。因此,多坐标轴联动数控机床的结构复杂、精度要求高、同时程序编制也复杂。

图 1-21　两轴半坐标联动曲面加工

图 1-22　多坐标联动曲面加工

NC 机床与 CNC 机床:早期数控机床是由各种逻辑元件、记忆元件组成,随机逻辑电路由硬件来实现数控功能,称为硬件数控,即 NC 机床。

现代数控系统采用微处理器或专用微机的数控系统由事先存放在存储器里的系统程序(软件)来实现控制逻辑,实现部分或全部数控功能,并通过接口与外围设备进行连接,称为软件数控,即 CNC 机床。

1.3 数控机床坐标系统

数控机床都是按照事先编好的零件数控加工程序自动地对工件进行加工。数控机床的坐标系是用来确定其刀具运动的依据。因此，坐标系统对数控程序设计极为重要，为了描述机床的运动，简化程序编制的方法及保证记录数据的互换性，数控机床的坐标系和运动方向已标准化。

1.3.1 数控机床坐标系的确定

数控机床加工零件是由数控系统发出的指令来控制的，为了确定机床的运动方向和移动距离，需要在数控机床上建立一个坐标系，这就是机床坐标系。数控机床坐标系用右手直角笛卡儿坐标系作为标准确定。右手直角笛卡儿坐标系如图 1-23 所示。

图 1-23　右手直角笛卡儿坐标系

（1）伸出右手的拇指、食指和中指互为 90°，则大拇指代表 X 坐标，食指代表 Y 坐标，中指代表 Z 坐标。

（2）大拇指的指向为 X 坐标的正方向，食指的指向为 Y 坐标的正方向，中指的指向为 Z 坐标的正方向。

（3）围绕 X、Y、Z 坐标旋转的旋转坐标分别用 A、B、C 表示，根据右手螺旋定则，大拇指的指向为 X、Y、Z 坐标中任意轴的正方向，则其余四指的旋转方向即为旋转坐标 A、B、C 的正方向。

（4）运动方向的规定，增大刀具与工件距离的方向即为各坐标轴的正方向。

1.3.2 数控机床坐标轴方向的确定

（1）Z 坐标：Z 坐标的运动方向是由传递切削动力的主轴所决定的，即平行于主轴轴线的坐标轴即为 Z 坐标，Z 坐标的正向为刀具离开工件的方向。

如果机床上有几个主轴，则选一个垂直于工件装夹平面的主轴方向为 Z 坐标方向；如果主轴能够摆动，则选垂直于工件装夹平面的方向为 Z 坐标方向；如果机床无主轴，则选垂直于工件装夹平面的方向为 Z 坐标方向。

（2）X 坐标：X 坐标平行于工件的装夹平面，一般在水平面内确定 X 轴的方向时，要考虑两种情况：

①如果工件做旋转运动,则刀具离开工件的方向为 X 坐标的正方向。

②如果刀具做旋转运动,则分为两种情况:

a. Z 坐标水平时,观察者沿刀具主轴向工件看时,+X 运动方向指向右方。

b. Z 坐标垂直时,观察者面对刀具主轴向立柱看时,+X 运动方向指向右方。

(3)Y 坐标:在确定 X、Z 坐标的正方向后,可以用根据 X 和 Z 坐标的方向,按照右手直角笛卡儿坐标系来确定 Y 坐标的方向。

 拓展延伸

为了编程和加工的方便,有时还要设置附加坐标系。对于直线运动,通常建立的附加坐标系有:指定平行于 X、Y、Z 的坐标轴可以采用的附加坐标系,第二组 U、V、W 坐标、第三组 P、Q、R 坐标;指定不平行于 X、Y、Z 的坐标轴也可以采用的附加坐标系,第二组 U、V、W 坐标、第三组 P、Q、R 坐标。

1.3.3 数控机床原点

数控机床一般都有一个基准位置($X=0$、$Y=0$、$Z=0$)称为机床原点(或称机械原点、机床零点)用字母"M"表示,是由机床厂家确定的,是一个固有的点。依据机床数控系统的不同而异。是机床加工的起始依据点。是建立测量机床运动坐标的起始点,一般设在各坐标轴正向极限位置处。机床坐标系建立在机床原点上,是机床上固有的坐标系。是其他坐标系,如加工坐标系、编程坐标系和机床参考点(或基准点)的依据点。

1.3.4 数控机床参考点

数控机床在工作时为了正确建立机床坐标系,通常在每个坐标轴的移动范围内设置一个参考点称机床参考点(也称机械参考点)用"R"表示,它是由机床制造厂家在每个进给轴上设置限位或在系统软件中设置的软极限点。当数控系统上电启动后所有的轴都要回一次参考点,以便建立机床坐标系和校正行程测量系统,对于采用相对位置测量系统的数控机床断电时,机床坐标系原点将丢失。

1.3.5 工件坐标系

工件坐标系是编程人员在编程时人为设定的,原则上选择在任何位置都可以,编程人员选择工件上的某一特殊点作为工件原点(又称工件零点,也称编程原点、加工原点),即建立起一个新的坐标系,称为工件坐标系。工件坐标系一旦建立起以后便一直有效,直到被新的工件坐标系所取代。工件坐标系原点的设定要尽量满足编程简单,尺寸换算少且直观,引起的加工误差小等条件。一般情况下,应选在尺寸标注的基准或定位基准上。

数控机床编程时使用的坐标系为编程坐标系,加工时使用的坐标系为加工坐标系,二者统称为工件坐标系。

1.3.6 对刀点、刀位点和换刀点

(1)对刀点(起刀点)。对刀点(起刀点)是数控加工中刀具相对于工件运动的起点,是零件程

序的起点。设定对刀点的目的是确定工件零点(原点)在机床坐标系中的位置,即建立起工件坐标系与机床坐标系的相互关系。该点的设置可以设定在工件上或工件外任何一点。也可以设在与工件的定位基准有一定尺寸关系的夹具某一位置上。一般情况下,对刀点既是加工程序执行的起点,也是加工程序执行的终点。通常将设定对刀点的过程看成是建立工件坐标系的过程。

(2)刀位点。刀位点是指编制程序和加工时,用于表示刀具特征的点,也是对刀和加工的基准点。车刀的刀位点是刀尖圆弧中心;钻头的刀位点是钻头顶点;圆柱铣刀的刀位点是刀具中心与刀具底面的交点;球头铣刀的刀位点是球头的球心点或球头顶点;由于各类数控机床的对刀方法不完全相同,所以对刀时应结合具体机床进行操作。

(3)换刀点。换刀点是为多刀加工的机床而设置的,因为这些机床在加工过程中间要自动换刀。换刀点应设在工件或夹具的外部,设定原则是以刀架转位时不碰撞工件和机床其他零部件为准,其设定值可用计算或实际测量的方法确定。

(4)"对刀点"和"换刀点"的确定原则:

①应便于数学处理和使程序编制简单;

②设定在数控机床上易于找正的位置;

③设定在加工过程中易于检查位置;

④引起的加工误差小。

 相关链接

在进行程序编写时,应按工件坐标系中的尺寸确定,不必考虑工件在机床上的安装位置和安装精度,但在加工时需要确定机床坐标系与工件坐标系的位置后才能加工。工件装夹在机床上,可通过对刀确定工件在机床上的位置。

1.4 数控机床的加工特点、应用与发展

1.4.1 数控机床的加工特点

数控机床与传统普通机床相比具有以下特点:

(1)具有高度柔性。在数控机床上加工零件,主要取决于加工程序,与普通机床不同,不必更换刀具、夹具,不需经常调整机床。所以,数控机床适用于加工零件频繁更换的场合,也适合于单件、小批生产及新产品的开发,缩短了生产准备周期,节省了大量工艺装备的费用。

(2)适应性强。由于数控机床能实现多个坐标的联动,所以数控机床能完成对复杂型面的加工,特别是对于可用数学方程式和坐标点表示的形状复杂的零件,加工非常方便。当改变加工零件时,数控机床只需更换零件加工的 NC 程序,不必用凸轮、靠模、样板或其他模具等专用工艺装备,且可采用成组技术的成套夹具。因此,生产准备周期短,有利于机械产品的迅速更新换代。所以,数控机床的适应性非常强。

(3)加工精度高。数控机床有较高的加工精度,加工误差一般在 0.005 ~ 0.01 mm 之间。数控机床的加工精度不受零件复杂程度的影响,机床传动链的反向齿轮间隙和丝杠的螺距误差等都可以通过数控装置自动进行补偿,其定位精度较高,同时还可以利用数控软件进行精度校正和补偿。

（4）加工质量稳定。对于同一批零件，由于使用同一机床和刀具及同一加工程序，刀具的运动轨迹完全相同，并且数控机床是根据数控程序自动进行加工，零件的加工精度和质量由数控机床来保证，可以避免人为的误差，这就保证了零件加工的一致性好且质量稳定。

（5）生产效率高。数控机床结构性好、功率大，能自动进行切削加工，所以能选择较大的切削用量，并自动连续完成整个零件的加工过程，从而大大缩短了辅助时间。又由于数控机床的定位精度高，可省去加工过程中对零件的中间检测，减少了停机检测时间。所以数控机床的加工效率高，一般为普通机床的3~5倍。

（6）减轻劳动强度。在输入程序并启动后，除了装卸工件、找正零件、检测、操作键盘、观察机床运行外，其他的机床动作都是按照加工程序要求自动连续地进行切削加工，直至零件加工完毕。这样就简化了人工操作，使劳动强度大大降低。

（7）有利于生产管理的现代化。在数控机床上加工零件，可以准确地计算出零件的加工工时，加工程序是用数字信息的标准代码输入，有利于和计算机连接，构成由计算机控制和管理的生产系统。

1.4.2　数控机床的应用范围

数控机床的性能特点决定其应用范围。

1. 适合在数控机床加工的零件

（1）外轮廓复杂且加工精度要求高，用普通机床无法加工或虽然能加工但很难保证产品质量的零件。

（2）具有难测量、难控制进给、难控制尺寸的内腔的壳体或盒形零件。

（3）用数学模型描述的具有复杂曲线、曲面轮廓零件。

（4）必须在一次装夹中完成钻、铣、镗、锪、铰或攻丝等多工序的零件。

（5）用普通机床加工时难以观察，测量和控制进给的内外凹槽类零件。

（6）采用数控机床能成倍提高生产效率，大大减轻体力劳动强度的零件。

2. 不适合在数控机床加工的零件

（1）生产批量大的零件。

（2）装夹困难或完全靠找正定位来保证加工精度的零件。

（3）毛坯上的加工余量很不稳定，且数控机床没有在线检测系统可自动调整零件坐标位置的零件。

（4）必须用特定的工装协调加工的零件。

（5）需要进行长时间占机人工调整的粗加工零件。

（6）简单的粗加工零件。

1.4.3　数控机床的发展趋势

计算机技术为数控技术的进步提供了条件。现代制造技术对数控机床提出了更高的要求。当前，数控技术及数控机床的发展方向主要体现为以下几方面：

1. 高速切削

数控机床向高速化方向发展，不但可大幅度提高加工效率、降低加工成本，而且还可提高零件的表面加工质量和精度。超高速加工技术对制造业实现高效、优质、低成本生产有广泛的适用性。

（1）数控机床主轴高转速。高速数控机床其主轴最高转速可以达到 10 000 r/min 以上，高速数控机床如图 1-24 所示。

（2）工作台高速移动和高速进给。当今数控机床最高水平为分辨率 1 μm 时，最大进给速度可达 240 m/min；当程序段设定进给长度大于 1 mm 时，最大进给速度达 80 m/min。

（3）缩短刀具交换、托盘交换的时间。目前数控机床换刀时间可以不到 1 s，工作台的交换速度可以到 6.3 s。

2. 高精加工

在高精加工的要求下，普通级数控机床的加工精度已由 ±10 μm 提高到 ±5 μm；精密级加工中心的加工精度则从 ±(3~5) μm，提高到 ±(1~1.5) μm，甚至更高；超精密加工精度达到 0.001 μm。

3. 控制智能化

（1）智能化控制其加工效率和加工质量的智能化，如自适应控制、工艺参数自动调整、机器人操作使数控设备处于最佳运行状态，以提高加工精度和设备的安全性，智能化控制数控机床如图 1-25 所示。

图 1-24　高速数控机床

图 1-25　智能化控制数控机床

（2）加工过程自适应控制监测加工过程中的刀具磨损、进给量、切削力、主轴功率等信息并进行反馈，随时自动修调加工参数，使设备处于最佳运行状态，以提高加工精度及设备运行的安全性。

（3）智能化编程主要包括数控软件自动编程、智能化人机界面等。

（4）智能化交流伺服驱动装置包括智能主轴交流驱动装置和伺服驱动装置，它能自动识别电动机及负载的转动惯量，并自动对控制系统参数进行优化和调整，使驱动系统获得最佳运行状态。

（5）故障自诊断功能可以实现智能诊断、智能监控，方便系统的诊断及维修等。

4. 复合化加工

复合化加工是指在一台设备上完成车、铣、钻、镗、攻丝、铰孔、扩孔、铣花键、插齿等多种加工要求。机床的复合化加工是通过增加机床的功能，减少工件加工过程中的装夹次数、重新定位、对刀等辅助工艺时间，来提高机床利用效率。

复合化加工进一步提高工序集中度,减少多工序加工零件的上下料装卸时间;更主要的是可避免或减少工件在不同机床间进行工序转换而增加工序间输送和等待的时间,同时,减少了夹具和所需的机床数量,降低了整个加工成本和机床的维护费用。

5. 高可靠性

数控机床的可靠性是数控机床产品质量的一项关键性指标。数控机床能否发挥其高性能、高精度、高效率并获得良好的效益,关键取决于可靠性。衡量可靠性重要的量化指标是平均无故障时间。国外数控机床平均无故障时间,一般为 700~800 h,数控系统则已达 60 000 h,甚至更高。

6. 互联网络化

网络功能正逐渐成为现代数控机床、数控系统的特征之一。支持网络通信协议,既满足单机需要,又能满足 FMC(柔性单元)、FMS(柔性系统)、CIMS(计算机集成制造系统)对基层设备集成要求的数控系统,是形成"全球制造"的基础单元。其具体的应用主要体现为以下几方面:

(1)网络资源共享;

(2)数控机床的远程监视、控制;

(3)数控机床的远程培训与教学;

(4)数控装备的网络数字化服务。

7. 计算机集成制造系统（CIMS）

计算机集成制造系统的发展可以实现整个机械制造企业的全盘自动化,使这些企业成为自动化企业或无人化企业。CIMS 也是自动化制造技术的发展方向,主要由设计与工艺模块、制造模块、管理信息模块和存储运输模块构成。

CIMS 的核心是一个公用数据库,对信息资源进行存储与管理,并与各个计算机系统进行通信,在这个基础上有三个计算机系统:

(1)进行产品设计与工艺设计的计算机辅助设计与计算机辅助制造系统,即 CAD/CAM 系统。

(2)计算机辅助生产计划与计算机生产控制系统(CAP/CAC),该系统对加工过程进行计划、调度与控制。

(3)工厂自动化系统。该系统可以实现工件自动测量。

相关链接

DNC 技术,即计算机直接控制技术,由一台计算机控制一台或多台数控机床。将程序通过计算机接口用数据线与数控机床连接,从而对机床实现实时传输控制,即边传边加工。其控制的核心是中央计算机具有足够大的存储空间。可以统一存储和管理大量的零件程序,可以同时完成对多台数控机床的管理与控制。因此,DNC 也称群控系统。

小 结

一、数控机床及组成

数控机床是一种灵活性很强、技术密集度及自动化程度很高的机电一体化加工设备,同时也是综合应用计算机、自动控制、自动检测及精密机械等高新技术的产物。

数控机床的基本组成包括:输入/输出装置、控制介质、数控装置、进给伺服系统、主轴传动系统、测量反馈装置、机床主体和其他辅助装置。

二、数控机床坐标系统

数控机床坐标系是机床固有的坐标系,是制造和调整机床的基础,也是设置工件坐标系的基础。机床原点是指在机床上设置的一个固定点,即机床坐标系的原点。它在机床装配、调试时就已确定下来,一般不允许随意变动,是数控机床进行加工运动的基准参考点。

参考点是机床上的一个固定不变的极限点,其位置由软件限位或行程开关来确定。通过回机械零点来确认机床坐标系。

数控机床开机时,必须先确定机床原点,只有机床原点被确认后,刀具(或工作台)移动才有基准。所以开机后必须先回零。

工件坐标系是编程人员根据零件图样及加工工艺等在工件上建立的坐标系,是编程时的坐标依据,又称编程坐标系。根据加工需要和编程的方便性,在数控铣床上一般选在上表面中心或上表面的某个角上,在数控车床上工件坐标系的原点为工件前端面与主轴中心线的交汇点上。

三、数控机床的分类

按工艺用途分	(1)金属切削类数控机床	①数控车床;②数控铣床;③数控钻床;　④数控磨床;⑤数控镗床及加工中心
	(2)金属成型类数控机床	①数控折弯机;②数控组合冲床;③数控回转头压力机
	(3)数控特种加工机床	①数控线切割机床;②数控电火花加工机床;③数控激光切割机床
按运动控制轨迹分	(1)点位控制数控机床;(2)直线控制数控机床;(3)轮廓控制数控机床	
按进给伺服系统有无检测装置分	(1)开环进给伺服控制系统数控机床;(2)闭环进给伺服控制系统数控机床;(3)半闭环进给伺服控制系统数控机床	
按可控制联动轴数分	(1)两坐标联动数控机床;(2)三坐标联动数控机床;(3)两轴半坐标联动数控机床;(4)多坐标联动数控机床	

复 习 题

一、名词解释

数控机床、点位控制系统、轮廓控制系统、开环进给伺服控制系统、闭环进给伺服控制系统、半闭环进给伺服控制系统。

二、填空题

1. 数控机床通常由_____、_____、_____、_____、_____、_____、_____、_____组成。

2. 为确定工件在机床中的位置,要确定_____。

3. 数控机床按运动轨迹分为_____、_____、_____。

4. 数控机床按进给伺服系统有无检测装置可分为_____、_____、_____。

5. 确定机床 *X*、*Y*、*Z* 坐标时,规定平行于机床主轴的刀具运动坐标为_____,取刀具远离工件的方向为_____方向。

6. 数控机床的旋转轴之一 *B* 轴是绕_____旋转的轴。

7. 数控装置主要由_____、_____、_____组成。

8. 加工精度高、_____、自动化程度高,劳动强度低、生产效率高等是数控机床加工的特点。

9. 数控机床的核心是_____。

10. 数控机床的辅助装置包括_____、_____、_____、_____、_____、_____等。

三、选择题

1. 数控机床的驱动执行部分是( )。
   A. 制介质与阅读装置　　　B. 数控装置　　　C. 伺服系统　　　D. 机床本体

2. 通常所说的数控系统是指( )。
   A. 主轴驱动和进给驱动系统　　　　　B. 数控装置和驱动装置
   C. 数控装置和主轴驱动装置　　　　　D. 数控装置和辅助装置

3. 在数控机床的组成中,其核心部分是( )。
   A. 输入装置　　　B. CNC 装置　　　C. 伺服装置　　　D. 机电接口电路

4. 不适合采用加工中心进行加工的零件是( )。
   A. 周期性重复投产　　　　　B. 多品种、小批量
   C. 单品种、大批量　　　　　D. 结构比较复杂

四、判断题

1. 半闭环、闭环数控机床带有检测反馈装置。　　　　　　　　　　　　　( )
2. 数控机床工作时,数控装置发出的控制信号可直接驱动各轴的伺服电动机。( )
3. 目前数控机床只有数控铣、数控磨、数控车、电火花加工等几种。　　　( )
4. 数控机床不适用于周期性重复投产的零件加工。　　　　　　　　　　( )
5. 数控机床按控制系统的不同可分为开环、闭环和半闭环系统。　　　　( )
6. 数控机床伺服系统包括主轴伺服和进给伺服系统。　　　　　　　　　( )
7. 数控系统由 CNC 装置、可编程控制器、伺服驱动装置以及电动机等部分组成。( )
8. 伺服系统中的直流或交流伺服电动机属于驱动部分。　　　　　　　　( )
9. 点位控制数控机床只控制刀具或工作台从一点移动到另一点的准确定位。( )
10. 闭环控制数控机床属于生产型数控机床。　　　　　　　　　　　　　( )

五、简答题

1. 数控机床的分类有哪些?
2. 与传统机械加工方法相比,数控加工有哪些特点?
3. 数控加工的主要对象是什么?
4. 简述数控机床的发展趋势。
5. 数控机床适用于加工哪些类型的零件?不适用于哪些类型的零件?为什么?请简要说明。

第2章

数控刀具

学习目标

➤了解数控加工对刀具的基本要求。

➤掌握数控刀具材料的种类、可转位刀片的代码的含义。

➤熟悉数控刀具的分类及切削用量的选择。

2.1 数控刀具基础知识

数控刀具是指与各种数控机床相配套使用的各种刀具的总称,是数控机床的关键配套产品。它广泛应用于高速切削、精密和超精密加工、干切削、硬切削和难加工材料的加工等先进制造技术领域,可提高加工效率、加工精度和加工表面质量。尤其当今快速发展的数控加工技术又促进了数控刀具的发展。

2.1.1 数控加工对刀具的基本要求及特点

在切削加工时,刀具切削部分与切屑、工件相互接触的表面上承受很大的压力和强烈的摩擦,刀具切削区产生很高的温度、很大的应力、强烈的冲击和振动,因此刀具材料应具备以下基本要求:

(1)应具有较高的硬度和耐磨性。刀具材料在常温下洛氏硬度应在 62 HRC 以上,并且具有一定的耐磨性能。

(2)应具有足够的强度和韧性。刀具要承受切削中的压力、冲击和振动,避免崩刃和折断,应具有足够的强度和韧性。

(3)应具有较高的耐热性。刀具在高温条件下工作,应保持高硬度、高耐磨性能及具有抗高温氧化性。

(4)应具有良好的工艺性能。为了便于制造,要求刀具材料应具有较好的可切削加工性、焊接工艺性,以便于刀具的制造和加工。

另外,为了适应数控机床加工精度高、加工效率高、加工工序集中及零件装夹次数少等要求,数控刀具及刀片在性能上应具有以下特点:

刀具与刀片应通用化、规则化及系列化;刀具与刀片的几何参数、切削参数应规范化和典型化;刀具材料、切削参数与被加工工件材料应相匹配;刀片的使用寿命要长、刀具的刚性要好;刀片在刀杆中的定位基准精度要高;刀杆的强度、刚度和抗耐磨性要好。

2.1.2 数控刀具的材料

刀具材料的种类很多,在数控切削加工中常见的主要有高速钢、硬质合金、陶瓷、立方氮化硼和金刚石等材料。

1. 高速钢刀具

高速工具钢简称高速钢,也称锋钢或白钢。是一种含有钨、钼、铬、钒等合金元素较多的高合金工具钢,通常硬度在 63~70 HRC,高速钢具有良好的热稳定性。

高速钢当切削温度达到 500~600 ℃时仍能保持 60 HRC 以上的高硬度,具有较高强度和韧性,如抗弯强度是一般硬质合金的 2~3 倍,是陶瓷的 5~6 倍。主要应用在复杂刀具,如钻头、铰刀、扩孔钻、切齿刀、拉刀和立铣刀等。

按用途高速钢可分为普通高速钢、高性能高速钢、粉末冶金高速钢及涂层高速钢。

(1)普通高速钢分为钨系高速钢和钨钼系高速钢两种。

①钨系高速钢典型钢种为 W18Cr4V,它是应用最普遍的一种高速钢。

②钨钼系高速钢典型钢种为 W6Mo5Cr4V2,它是将一部分钨用钼代替所制成的。

(2)高性能高速钢适合于加工高温合金、钛合金、超高强度钢等难加工材料。

(3)粉末冶金高速钢适合于制造切削难加工材料的刀具,如大尺寸刀具(如滚刀、插齿刀)、精密刀具、磨削加工量大的复杂刀具、高压动载荷下使用的刀具等,粉末冶金高速钢滚刀如图 2-1 所示。

(4)涂层高速钢是在一些韧性较好的硬质合金或高速钢刀具基体上,涂抹一层耐磨性高的难熔化金属化合物而获得的。它是解决刀具材料中硬度与耐磨、强度与韧性之间矛盾的一个有效措施。常用的涂层材料有 TiC、TiN 和 Al$_2$O$_3$ 等。涂层高速钢铣刀如图 2-2 所示。

图 2-1 粉末冶金高速钢滚刀　　　　　图 2-2 涂层高速钢铣刀

涂层高速钢结合了基体高强度、高韧性、涂层高硬度和高耐磨性的优点,为了提高刀具的耐磨性而不降低其韧性,其特点如下:

①涂层面红硬性高、耐磨,可显著提高刀具寿命。

②涂层面磨擦系数小,切削热大部分传入工件和切屑,能减小切削阻力,排屑流畅。

③切削速度比未涂层刀具提高两倍以上,并允许有较高的进给速度。

④涂层刀具通用性强,它能代替数种未涂层刀具使用,显著降低了产品的生产成本。

⑤层刀具可用于干切削,不要切削冷却液,能降低消耗,从而降低产品的生产成本。

拓展延伸

20世纪70年代初,首次在硬质合金基体上涂抹一层几微米至十几微米厚的高耐磨、难熔化碳化钛(TiC)后,可把切削速度从80 m/min提高到180 m/min;1976年出现了碳化钛-氧化铝双涂层硬质合金,把切削速度提高到250 m/min;1981年又出现了碳化钛-氧化铝-氮化钛三涂层硬质合金,使切削速度提高到300 m/min。目前数控刀具90%以上使用的是涂层刀具。

2. 硬质合金刀具

硬质合金是由难熔金属碳化物(如WC、TiC、TaC、NbC等)和金属粘结剂通过粉末冶金工艺制成的。通常硬度在89~93 HRA。金属碳化物有熔点高、硬度高、化学稳定性及热稳定性好等特点,因此切削性能比高速钢高很多,耐用度可提高几倍到几十倍,在耐用度相同时,切削速度可提高4~10倍。目前已经成为数控加工的主流刀具材料。

但常用硬质合金的韧性比高速钢差,因此硬质合金刀具不能够承受较大的切削振动和冲击负荷。

(1)普通硬质合金按材料特性可分为P(蓝)、M(黄)、K(红)、N(绿)、S(棕)、H(白)六类。常用硬质合金的分类与应用见表2-1。

表2-1　常用硬质合金的分类与应用

类别	应　用
P	适于加工钢、长屑可锻铸铁(相当于YT类)
M	适于加工奥氏体不锈钢、铸铁、高锰钢、合金铸铁等(相当于YW类)
K	适于加工耐热合金和钛合金
N	适于加工铸铁、冷硬铸铁、短屑可锻铸铁、非钛合金(相当于YG类)
S	适于加工铝、非铁合金
H	适于加工淬硬材料

(2)硬质合金按其化学成分的不同可分为四类。

①YG类:即钨钴类(WC+Co)硬质合金,对应于K类。牌号有YG6、YG8,合金中钴的含量高,韧性好,适于粗加工;钴含量低适于精加工。此类合金韧性、磨削性、导热性较好,较适合加工产生崩碎切屑的脆性材料,如铸铁、有色金属及其合金等。

②YT类:即钨钛钴类(WC+TiC+Co)硬质合金,对应于P类。牌号有YT5、YT14、YT15、YT30,合金中TiC含量高,则耐磨性和耐热性提高,但强度降低。因此粗加工一般选择TiC含量少的牌号(YT5),精加工选择TiC含量多的牌号(如YT30)。此类合金有较高的硬度和耐热性,主要用于加工切屑呈带状的钢件等塑性材料。

③YW类:即钨钛钽(铌)钴类[WC+TiC+TaC(Nb)+Co],对应于M类。常用牌号有YW1、YW2。此类硬质合金不但适用于加工冷硬铸铁、有色金属及合金半精加工,也能用于高锰钢、淬火钢、合金钢及耐热合金钢的半精加工和精加工。

④YN类:即碳化钛基类(WC+TiC+Ni+Mo),对应于P01类。一般用于精加工和半精加工,对大零件且加工精度较高的尤其适合,但不适于有冲击载荷的粗加工和低速切削。

（3）超细晶粒硬质合金。超细晶粒硬质合金在与普通硬质合金在硬度相同的条件下，强度较高，强度相同的情况下，硬度较高。主要是因为：粒子变小、WC 与 WC 之间的钴会变薄，从而抵抗塑性变形的抗弯强度增加。另外，其抗弯强度和冲击韧度，已接近高速钢。此类合金适合做小尺寸铣刀、钻头等，并可用于加工高硬度等难加工的材料。

（4）涂层硬质合金。涂层硬质合金是指在强度和韧性较好的硬质合金基体表面上，利用气相沉积方法涂覆一薄层耐磨性好的难熔金属或非金属化合物（也可涂覆在陶瓷、高速钢、金刚石和立方氮化硼等超硬材料刀具上）从而获得的一种硬质合金。它具有表面硬度高、耐磨性好、化学性能稳定、耐热耐氧化、摩擦系数小和热导率低等特点，切削时可比未涂层刀具提高刀具寿命 3~5 倍以上。

以上四类硬质合金由于硬度高、脆性大，除了磨削外，不能进行切削加工，一般不能制成形状复杂的整体刀具，因此一般需将硬质合金制成一定规格的刀片，使用时将其夹固在相应刀体上，硬质合金刀片如图 2-3 所示。

（5）结钢硬质合金。结钢硬质合金是指以难熔金属硬质化合物为硬质相、以钢作粘结相制成的硬质合金。它兼有碳化物的硬度、耐磨性以及钢的良好力学性能，主要应用于耐磨零件和机器构件。其组织特点是微细的硬质相均匀弥散地分布于钢的基体中。它是近年来，新开发新品种，其粘结剂为合金钢（不锈钢或高速钢）粉末，从而使其与钢一样可以进行锻造、切削加工、焊接及热处理等，用于制造各种形状复杂的刀具、模具及耐磨零件等。如高速钢结硬质合金可以制作滚刀、圆锯片等刀具，结钢整体硬质合金锯片及滚刀如图 2-4 所示。

图 2-3　硬质合金刀片　　　　　图 2-4　结钢整体硬质合金锯片与滚刀

3. 陶瓷刀具

陶瓷材料是未来要发展的一个重要领域，可分为纯 Al_2O_3 陶瓷和 Al_2O_3-TiC 混合陶瓷两种，广泛应用于各类钢、铸铁高速切削、干切削、硬切削以及难加工材料的切削加工，也可用于高速精细加工。由于陶瓷刀具材料性能上存在着抗弯强度低、冲击韧性差等缺点，因此不适于在低速、冲击载荷下进行切削加工，主要的特点如下：

（1）陶瓷刀具具有高硬度、高耐热性和耐磨性，其切削速度是硬质合金的 2~5 倍。

（2）当切削温度达到 800 ℃时，硬度能保持在 87 HRA 左右，当切削温度进一步达到 1 200 ℃时，硬度仍能有 80 HRA，同时具有良好的抗氧化性能。

（3）在钢中的溶解度比任何硬质合金都低很多，不与钢发生反应，不与金属产生黏结。

（4）陶瓷刀具与金属的亲和力小，不易与金属产生黏结，具有很高的化学稳定性且摩擦系数低，可以降低切削力和切削温度。

4. 立方氮化硼（CBN）

立方氮化硼是人工合成的超硬刀具材料。它具有高硬度 3 200~4 000 HV，仅次于金刚石，热稳定性好，可耐 1 400~1 500 ℃高温，与铁族金属亲和力小，且有较高的导热性和较小的摩擦系数。缺点是强度和韧性较差，抗弯强度仅为陶瓷刀具的 1/5~1/2。适用于加工高硬度淬火钢、冷硬铸铁和高温合金材料，不宜加工软钢件、铝合金和铜合金。

5. 聚晶金刚石刀具

聚晶金刚石具有极高的硬度（高达 7 000~9 000 HV）和耐磨性，刀具耐用度比硬质合金提高几倍到几百倍，可用来加工硬质合金、陶瓷、高硅铝合金及耐磨塑料等高硬度、高耐磨的材料。其切削刃锋利，能切下极薄的切屑，加工冷硬现象较弱，有较低的摩擦系数，其切屑和刀具不发生黏结，不产生积屑瘤，但热稳定性差，只适宜微量切削及精加工。切削温度不宜超过 700~800 ℃，强度较低、脆性大、对振动敏感性强。在高速条件下精加工有色金属及其合金和非金属材料。

常见各种刀具材料的性能指标比较见表 2-2。

表 2-2　常见各种刀具材料的性能指标比较

种类	密度/（g/cm³）	耐热性/℃	硬度	抗弯强度/MPa	热膨胀系数
聚晶金刚石	3.47~3.56	700~800	7 000~9 000 HV	600~1 100	3.1
立方氮化硼	3.44~3.49	1 300~1 500	3 200~4 000 HV	500~800	4.7
陶瓷刀具	3.1~5.0	>1 200	91~95 HRA	700~1500	7.0~9.0
钨钴合金	14.0~15.5	800	89~91.5 HRA	1 000~2 350	3.0~7.5
钨钴钛合金	9.0~14.0	900	89.5~92.5 HRA	800~1 800	8.2
通用合金	12.0~14.0	1 000~1 100	>92.5 HRA	—	—
金属陶瓷	5.0~7.0	1 100	91~94 HRA	1 150~1 350	—
高速钢	8.0~8.8	600~700	62~70 HRC	2 000~4 500	8~12

 相关链接

1954 年美国通用电气公司采用高温高压的方法成功地合成了世界首例人造金刚石，相继又采用与金刚石制造方法相似的技术合成了第二种超硬材料——立方氮化硼，超硬材料系列随之形成。1977 年该公司又成功制成了聚晶金刚石（PCD）和聚晶立方氮化硼（PCBN），我国从 1961 年开始设计制造超高压高温装置，1963 年合成出国内第一颗人造金刚石。

2.2　常见数控机床刀具

数控机床刀具是现代数控机械加工中的重要工具。这就要求其具有精度高、刚性好、装夹调整方便、切削性能强、寿命长等优点，合理选用刀具既能提高加工效率，又能保证质量。

2.2.1 数控刀具的分类

1. 按照刀具装配结构分类

（1）整体式刀具整体结构是在刀体上做出切削刃。如钻头、铰刀、锪孔钻、各种立铣刀、插齿刀等，平底立铣刀如图 2-5 所示、插齿刀如图 2-6 所示、扩孔刀如图 2-7 所示。

图 2-5　平底立铣刀　　　　　图 2-6　插齿刀　　　　　图 2-7　扩孔刀

（2）焊接式刀具是指把刀片钎焊在刀体上，结构简单、刚性好。如各种焊接刀具等，焊接车刀如图 2-8 所示。

（3）机械夹固式刀具是指通过夹固方式将刀片安装在刀体上。如广泛使用的各种数控刀具，机械夹固式键槽铣刀与内孔车刀如图 2-9 所示。

图 2-8　焊接车刀　　　　　图 2-9　机械夹固式键槽铣刀与内孔车刀

2. 按照加工方法分类

（1）切削刀具包括：车刀、铣刀、刨刀、插齿刀、镗刀等。

（2）孔加工刀具包括：中心钻、钻头、锪孔钻、铰刀等。

（3）拉刀刀具包括：圆孔拉刀、花键拉刀、平面拉刀等，圆孔拉刀如图 2-10 所示。

（4）螺纹刀具包括：螺纹切刀、丝锥、板牙等，丝锥如图 2-11 所示。

图 2-10　圆孔拉刀　　　　　　　　　　　图 2-11　丝锥

（5）铣刀刀具包括：圆柱形铣刀、面铣刀、立铣刀、槽铣刀、锯片铣刀等。

（6）齿轮刀具包括：齿轮滚刀、插齿刀、剃齿刀、蜗轮滚刀等。

3. 按照切削工艺分类

（1）车削刀具：外圆车刀、内孔刀、端面刀、螺纹刀、切槽刀等。

（2）铣削刀具：面铣刀、立铣刀、螺纹铣刀等，螺纹铣刀及铣削方式如图 2-12 所示。

（3）钻削刀具：钻头、铰刀、机用丝锥等。

（4）镗削刀具：粗镗刀、精镗刀等。

4. 按刀具制造材料分类

按刀具制造材料可分为高速钢刀具、硬质合金刀具、陶瓷刀具、立方氮化硼刀具及聚晶金刚石刀具等。

图 2-12　螺纹铣刀及铣削方式

刀具的分类繁杂、结构和形状各不相同,但基本的组成部分都由工作部分和夹持部分组成。工作部分担负着切削加工任务,其作用是切除切屑、修光已切削的加工表面。夹持部分保证刀具具有正确的工作位置及传递切削运动和动力。

2.2.2　数控可转位刀具标准化

(1)数控可转位刀片数控机夹可转位刀片的形状已经标准化和模块化,共有 10 种形状均由一个相应的代码表示,在选用时,虽然其形状和刀尖角度相等,但由于同时参与的切削刃数不同,则其型号也不同。由于可转位刀片的尺寸精度较高,刀片转位固定后一般不需要刀片尺寸补偿或仅需要少量刀片尺寸补偿就能正常使用。

(2)刀片的代码硬质合金可转位刀片的国家标准与 ISO 国际标准相同,共用 10 个号位的内容来表示品种规格、尺寸系列、制造公差及测量方法等主要参数特征。规定任何一个型号的刀片都必须用 10 个号位组成,前 7 个号位必用,后 3 个号位在必要时使用。其中第 10 个号位前要加短线"–"与前面号位隔开,第 8、第 9 两个号位如果只使用其中一位,则写在第 8 位上,中间不需要空格。可转位刀片型号表示方法见表 2-3。

表 2-3　可转位刀片型号表示方法

ISO	T	P	M	M	12	03	04	E	L	–	A3
项目	第一位	第二位	第三位	第四位	第五位	第六位	第七位	第八位	第九位		第十位

例:TBHM120408EL-CF 解释:

第一位"T"表示三角形刀片;第二位"B"表示可转位刀片的后角;第三位"H"表示刀片刀尖状况参数偏差为 ±0.013 mm,刀片内切圆直径的偏差为 0.013 mm,刀片厚度公差为 ±0.025 mm;第四位"M"表示刀片为圆柱孔的结构形式;第五位"12"表示切削刃长度 12 mm;第六位"04"表示刀片的厚度为 4.76 mm;第七位"08"表示刀尖圆弧半径为 0.8 mm 车刀刀片;第八位"E"表示为侧圆切削刃;第九位"L"表示切削方向向左;第十位"CF"表示制造商备用的代号。现对 10 个号位做简要说明。

第一位为字母,表示可转位刀片的形状,具体见表 2-4。

表 2-4　可转位刀片的形状

形状说明	字母	刀尖角	刀片示意图	形状说明	字母	刀尖角	刀片示意图
正六边形	H	120°		等边不等角六边形	W	80°	
正五边形	P	108°		矩形	L	90°	
正三角形	T	60°		平行四边形	C	80°	
正方形	S	90°		正八边形	O	135°	
菱形	D	35°		圆形	R		

第二位为字母,表示可转位刀片的后角,具体见表 2-5。

表 2-5　可转位刀片的后角

代号	A	B	C	D	E	F	G	N	P	O
法向后角	3°	5°	7°	15°	20°	25°	30°	0°	11°	其他

第三位为字母,表示可转位刀片允许公差的精度等级,用一个字母表示,主要控制偏差为 3 项,即 Δm 为刀尖状况参数"B"的偏差,Δd 为刀片内切圆直径"R"的偏差,Δs 为刀片厚度"T"的偏差。常用可转位刀片尺寸精度允许偏差见表 2-6。

表 2-6　常用可转位刀片尺寸精度允许偏差

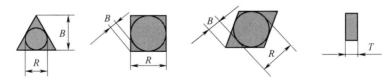

精度等级代号	允许偏差/mm		
	Δm	Δd	Δs
A	±0.005	±0.025	±0.025
F	±0.005	±0.013	±0.025
C	±0.013	±0.025	±0.025
H	±0.013	±0.013	±0.025
G	±0.025	±0.130	±0.025
M	±(0.08~0.20)	±(0.05~0.15)	±0.013
N	±(0.08~0.20)	±(0.05~0.15)	±0.025
U	±(0.13~0.38)	±(0.08~0.25)	±0.13

在刀片精度等级中，M 级到 U 级刀片级是最常用的，是性价比最高的，应优先选用，A 级到 G 级刀片经过研磨，精度较高。刀片精度要求较高时，常选用 G 级。小型精密工具的刀片可达 E 级或更高级，每种规格刀片的具体偏差大小，与内接圆尺寸大小和刀片形状有关，不同厂家允许的公差值略有不同，其质量也有差异。

第四位为字母，表示可转位刀片的结构形式，对应关系见表 2-7。

表 2-7　常见可转位刀片的结构形式

字母	说明	示意图	字母	说明	示意图
A	有固定孔 无断削槽		U	有固定孔、双面有 40°~60° 沉孔有断削槽	
N	无固定孔 无断削槽		T	有固定孔、单面有 40°~60° 沉孔有断槽	
M	有固定孔 有断削槽		R	无圆固定孔有断削槽	
W	有固定孔、单面有 40°~60° 沉孔无断削槽		J	有固定孔、双面有 70°~90° 沉孔有断削槽	

第五位为数字，用两位数字表示可转位刀片刃口的边长，选取刀片切削长度或刀片刃口的理论边长，取整数值，对应关系见表 2-8。

表 2-8　可转位刀片刃口边长

第六位为数字，表示可转位刀片厚度数值，见表 2-9。

表 2-9　可转位刀片厚度数值

数字	01	T1	02	03	T3	04	05	06	07	09
厚度	$S=1.59$	$S=1.98$	$S=2.38$	$S=3.18$	$S=3.97$	$S=4.76$	$S=5.56$	$S=6.35$	$S=7.94$	$S=952$

第七位为两位数字或一个字母，表示刀尖圆弧半径值，用省去小数点的圆角半径毫米数表示，若刀尖转角为尖角或圆形刀片时，则代号为"00"表示。

车刀片刀尖圆弧角半径为 0.4 mm，表示代号则为 04，如 TPMM120304EL-A3，其中 04 为第七位，即表明刀尖圆弧半径为 0.4 mm 的可转位车刀片。

铣刀片刀尖转角具有修光刃，则用两个字母分别表示主偏角 K_r 和修光刃后角 α_n，如 TPCN1203ED-TR，其中 ED 为第七位，即"E"表明主偏角 K_r 为 60°；"D"表明刃后角 α_n 为 15°的铣刀片。常见刀尖圆弧半径或刀尖转角形状见表 2-10。

表 2-10　常见刀尖圆弧半径或刀尖转角形状

代号	r/mm	代号	K_r(°)	代号	α_n(°)
00	<0.2	A	45	A	3
02	0.2	—	—	B	5
04	0.4	—	—	C	7
08	0.8	D	60	D	15
12	1.2	E	75	E	20
16	1.6	F	85	F	25
20	2.0	P	90	G	30
24	2.4	—	—	N	0
32	3.2	—	—	P	11

第八位为字母,表示刀片主切削刃的截面形状,共有四种见表 2-11。

表 2-11　切削刃截面形状

说明	尖锐切削刃	侧圆切削刃	侧棱切削刃	负倒棱加倒圆角
代号	F	E	T	S
示意图				

第九位为字母,表示可转位刀片的切削方向,R 表示右切、L 表示左切、N 表示可用于右切也可用于左切,具体见表 2-12。

表 2-12　刀片切削方向

说明	右切	左切	左右切
代号	R	L	N
示意图			

第十位为国家标准中表示刀片断屑槽形式及槽宽,分别用字母及数字组合,是用来留给制造商备用标注刀片断屑槽的代码或代号。

2.2.3　数控可转位刀片的选择

1. 选择可转位刀片应考虑的范围

（1）材料：刀片材料通常有高速钢、硬质合金、涂层硬质合金、陶瓷、立方氮化硼或聚晶金刚石等种类。

（2）尺寸：刀片尺寸参数为有效切削刃长度、背吃刀量和主偏角等。

（3）形态：根据表面形状、切削方式、转位次数等分为很多类型的刀片，用于不同的加工场合。

（4）刀尖半径：粗加工、工件直径大、要求刀刃强度高、机床刚度大时选用大刀尖圆弧半径，背吃刀量小、细长轴加工、机床刚度小选用小刀尖圆弧半径。

2. 刀片安装和转换应注意的问题

（1）转位和更换刀片时应清理刀片、刀垫和刀片座各接触面，保证无杂物，有凸点处要修平，已经用过的刃口应转向切屑流向的定位面。

（2）转位刀片时应使其贴紧定位面，夹紧力适当，不宜过大。

（3）夹紧时，刀片与刀垫之间、刀垫与刀片座之间应紧密贴合不能出现缝隙。

（4）刀尖部位必须与刀垫保持良好的压紧状态，不得有松动现象。

 拓展延伸

可转位刀片最大的优点是车刀的几何角度完全由刀片来保证，切削性能稳定、加工质量好，刀杆与刀片已标准化。

在数控车床的加工过程中，为了便于实现加工的自动化，应尽量使用机夹可转位车刀，目前，70%～80%的数控机床都采用可转位刀片。

2.3　切削用量的选择

切削用量又称切削要素，它是度量主运动和进给运动大小的参数。它包括切削深度、进给量和切削速度。在切削加工中要根据不同的刀具材料、加工条件、加工精度、机床工艺系统、刚性及功率等综合因素考虑选择合理的切削用量。

2.3.1　切削用量的基本概念

1. 背吃刀量 α_p

背吃刀量是在与主运动和进给运动方向相垂直的方向上度量的已加工表面与待加工表面之间的距离，又称切削深度，即每次进给刀具切入工件的深度。

$$\alpha_p = (d_w - d_m)/2 \tag{2-1}$$

式中　d_w——工件待加工表面直径，mm；

d_m——工件已加工表面直径，mm。

2. 切削速度 v_c

切削速度是刀具切削刃上选定点相对于工件的主运动瞬时线速度。由于切削刃上点的切削速度可能不同，计算时常用最大切削速度代表刀具的切削速度。

$$v_c = \pi dn/1\ 000 \tag{2-2}$$

式中　d——切削刃上选定点的回转直径，mm；

n——主运动的转速，r/s 或 r/min。

3. 进给量 f

进给量是刀具在进给运动方向上相对于工件的位置移动量，它是衡量进给运动大小的参数，用刀具或工件每转或每分钟的位移量来表述,其单位为 mm/r 或 mm/min。

2.3.2 切削用量的确定原则

粗加工时以提高生产率为主,选用较大的切削量,同时兼顾经济性和加工成本;半精加工和精加工时,选用较小的切削量,在同时兼顾切削效率和加工成本的前提下,应保证零件的加工质量。

在中等功率数控机床上切削加工,粗加工的背吃刀量可达 8~10 mm,表面粗糙度可达 50~12.5 μm;半精加工的背吃刀量可达 0.5~5 mm,表面粗糙度可达 6.3~3.2 μm;精加工的背吃刀量可达 0.2~1.5 mm,表面粗糙度可达 1.6~0.8 μm。

切削用量(背吃刀量、切削速度及进给量)是一个有机的整体,只有三者相互适应,达到最合理的匹配值,才能获得最佳的切削用量。

1. 确定背吃刀量

背吃刀量的大小主要依据机床、夹具、工件和刀具组成的工艺系统的刚度来决定,在系统刚度允许的情况下,背吃刀量就等于加工余量,为保证以最少的进给次数去除毛坯的加工余量,应根据被加工工件的余量确定分层切削深度,选择较大的背吃刀量,以提高生产效率。

在数控加工中,为保证工件必要的加工精度和表面粗糙度,一般应留一定的余量(0.2~0.5 mm)进行精加工,在最后的精加工中沿轮廓走一刀。粗加工时,除了留有必要的半精加工和精加工余量外,在工艺系统刚性允许的条件下,应以最少的次数完成粗加工。留给精加工的余量应大于零件的变形量和确保零件表面完整性;精加工时一般选用较小的背吃刀量和进给量,然后根据刀具寿命选择较高的切削速度,力求提高加工精度和减小表面粗糙度。

2. 确定切削速度

确定切削速度可以根据已经选定的背吃刀量、进给量及刀具的使用寿命进行确定,也可以通过刀具配有相应的切削参数进行计算、查表或实践经验确定。

粗加工或工件材料的加工性能较差时,宜选用较低的切削速度;精加工或刀具材料、工件材料的切削性能较好时,宜选用较高的切削速度。

3. 确定主轴转速

当切削速度确定以后,可根据刀具或工件直径 d,再按公式 $n = 1\,000\,v_c/\pi d$ 来确定主轴转速 $n(\text{r/min})$。主轴转速确定后,应按照数控机床控制系统所规定的格式将转速编入数控程序中。在实际操作中,操作者可以根据实际加工情况,通过适当调整数控机床控制面板上的主轴转速倍率开关,来控制主轴转速的大小,以确定最佳的主轴转速。

4. 确定进给量或进给速度

确定进给量或进给速度主要根据零件的加工精度和表面粗糙度要求,以及所使用的刀具和工件材料来确定,当零件的加工精度要求越高,表面粗糙度要求越低时,可以选择较小的进给量。其次还应兼顾与背吃刀量和主轴转速相适应。在保证工件加工质量的前提下,可以选择较高的进给量。

另外,在数控加工中,还应综合考虑机床走刀机构强度、夹具、被加工零件精度、材料的力学性能、曲率变化、结构刚性、系统刚度及断屑情况,选择合适的进给量。

对刀具使用寿命影响最大的是切削速度,其次是进给量,最小的是切削深度。从最大生产率的观点选择切削用量,应首先选用大的背吃刀量,力求在一次或较少几次行程中把大部分余量切去;

其次根据切削条件选用合适的进给量;最后根据刀具寿命和机床功率的可能选用适当的切削速度。

2.3.3 切削用量选择值推荐

在数控加工过程中,确定切削用量时应根据加工性质、加工要求,工件材料及刀具的尺寸和材料性能等方面的具体要求,通过经验并结合查表的方式进行选取。除了遵循一般的确定原则和方法外,还应考虑以下因素的影响:

(1)刀具差异的影响。不同的刀具厂家生产的刀具质量差异很大,所以切削用量需根据实际用刀具和现场经验加以修正。

(2)机床特性的影响。切削性能受数控机床的功率和机床的刚性限制,必须在机床说明书规定的范围内选择。避免因机床功率不足而发生闷车,或因刚性不足而产生较大的机床振动,从而影响零件的加工质量、精度和表面粗糙度。

(3)机床效率的影响。数控机床的工时费用较高,相对而言,刀具的损耗费用所占的比重偏低,因此应尽量采用较高的切削用量,通过适当降低刀具使用寿命来提高机床的效率。

常用硬质合金或涂层硬质合金刀具切削不同材料时的切削用量推荐表见表 2-13。

表 2-13 常用硬质合金或涂层硬质合金刀具切削不同材料时的切削用量推荐表

刀具材料	工件材料	粗加工			精加工		
		切削速度/ (m/min)	进给量/ (mm/r)	背吃刀量 /mm	切削速度/ (m/min)	进给量/ (mm/r)	背吃刀量 /mm
硬质合金或涂层硬质合金	碳钢	220	0.2	3	260	0.1	0.4
	低合金钢	180	0.2	3	220	0.1	0.4
	高合金钢	120	0.2	3	160	0.1	0.4
	铸铁	80	0.2	3	140	0.1	0.4
	不锈钢	80	0.2	2	120	0.1	0.4
	钛合金	40	0.2	1.5	60	0.1	0.4
	灰铸铁	120	0.3	2	150	0.15	0.5
	球墨铸铁	100	0.3	2	120	0.15	0.5
	铝合金	1 600	0.2	1.5	1 600	0.1	0.5

相关链接

最早研究切削用量的是美国人 F.W.泰勒,他从 1880 年开始对单刃刀具的切削用量进行了长达 26 年(5 万次)科学试验研究,总结出了切削用量与刀具使用寿命、机床功率和切削液等因素之间相互影响的规律,从而推动了当时机床和刀具技术的重大改革。此后,不少国家工程技术人员又在试验研究和生产实践中积累的典型切削数据并汇编成表。

小 结

一、数控加工对刀具的要求
(1)应具有较高的硬度和耐磨性。

（2）应具有足够的强度和韧性。

（3）应具有较高的耐热性。

（4）应具有良好的工艺性能。

二、数控刀具的材料

数控加工常见刀具材料有高速钢、硬质合金、陶瓷、聚晶金刚石和立方氮化硼等材料。

三、普通硬质合金的种类、牌号及适用范围

种类	牌号	应 用 范 围
P	YT	加工钢、长屑可锻铸铁
M	YW	加工奥氏体不锈钢、铸铁、高锰钢、合金铸铁等
K	YG	加工铸铁、冷硬铸铁、短屑可锻铸铁、非钛合金等

四、数控可转位刀具

可转位刀具是把硬质合金可转位刀片，用机械夹固方式装夹在标准刀柄上的一种刀具。刀具由刀柄、刀片、刀垫和夹紧机构组成，已经形成模块化标准化结构，具有很强的通用性和互换性。

五、数控可转位刀片形式

（1）机夹可转刀片的形状已经标准化共有 10 种形状。

（2）刀片的代码表示法。

硬质合金可转位刀片国标规定任何一个型号的刀片都必须用 10 个号位组成，前 7 个号位必用，后 3 个号位在必要时使用。其中第 10 个号位前要加短线"–"与前面号位隔开，第 8、第 9 两个号位如果只使用其中一位，则写在第 8 位上，中间不需要空格。

六、切削用量的选择

切削用量又称切削要素，它包括背吃刀量、进给量和切削速度三要素。它们之间是一个有机的整体，只有三者相互适应，达到最合理的匹配值，才能获得最佳的切削用量。

在切削加工中要根据不同的刀具材料、加工条件、加工精度、机床工艺系统、刚性及功率等综合因素考虑选择合理的切削用量。

复 习 题

一、名词解释

数控刀具、硬质合金、可转位刀具、切削用量、切削速度、背吃刀量。

二、填空题

1. 数控切削加工中常见的主要有 _____ 、 _____ 、 _____ 、 _____ 和 _____ 等材料。

2. 切削用量包括 _____ 、 _____ 和 _____ 三要素。

3. 可转位刀具的夹紧机构有 _____ 、 _____ 、 _____ 、 _____ 、 _____ 、 _____ 等六种类型。

4. 切削用量的确定原则是：粗加工时以 _____ 为主，选用较大的切削量；半精加工和精加工时，以保证 _____ 为主，选用较小的切削量。

5. 对刀具使用寿命影响最大的是_____,其次是_____,最小的是_____。

三、选择题

1. 下列刀具材料中,不适合高速切削的刀具材料是( )。
    A. 高速钢   B. 硬质合金   C. 涂层硬质合金   D. 陶瓷

2. 下列刀具材料中,硬度最大的刀具材料是( )。
    A. 高速钢   B. 硬质合金   C. 涂层硬质合金   D. 氧化物陶瓷

3. 机夹可转位刀片"TBHG120408EL-CF",其刀片代号的第一个字母"T"表示( )。
    A. 刀片形状   B. 切削刃形状   C. 刀片尺寸精度   D. 刀尖角度

4. 下列因素中,对切削加工后的表面粗糙度影响最小的是( )。
    A. 切削速度   B. 背吃刀量   C. 进给量   D. 切削液

5. 涂层刀片刀具一般不适合于( )。
    A. 冲击大的间断切削   B. 高速切削   C. 切削钢铁类工件   D. 精加工

6. 可转位机夹刀片常用的材料有( )。
    A. T10A   B. 结钢硬质合金 C. 硬质合金   D. 聚晶金刚石

7. 在数控车刀中,从经济性、多样性、工艺性、适应性综合效果来看,目前采用最广泛的刀具材料是( )类。
    A. 硬质合金   B. 陶瓷   C. 聚晶金刚石   D. 高速钢

8. 机夹可转位车刀的刀具几何角度是由( )形成的。
    A. 刀片的几何角度   B. 刀槽的几何角度
    C. 刀片与刀槽几何角度   D. 刃磨

四、判断题

1. 机夹可转位车刀不用刃磨,有利于涂层刀片的推广使用。   ( )
2. YG 类硬质合金中含钴量越多,刀片硬度越高,耐热性越好,但脆性越大。 ( )
3. YT 类硬质合金比 YG 类的耐磨性好,但脆性大,不耐冲击,用于加工塑性好的钢材。( )
4. 可转位车刀分为左偏和右偏两种不同类型的刀柄。   ( )
5. 可转位车刀刀垫的主要作用是形成刀具合理的几何角度。   ( )
6. 钨钛钴类硬质合金硬度高、耐磨性好、耐高温,因此可用来加工各种材料。   ( )

五、简答题

1. 切削用量选择时应考虑哪些因素?
2. 常用数控刀具材料有哪几类?
3. 硬质合金刀具按材料特性分为哪六种型号?每种型号刀片分别适合加工哪类零件?
4. 简述可转位刀片 CNMG120412EL-CF 各字母的含义。
5. 数控刀具的选择一般原则是什么?

第3章
数控加工工艺基础

学习目标

➤了解数控加工工艺的特点、内容、工序划分的原则,工件的定位原理;

➤掌握数控加工工艺分析、工艺尺寸链的定义及计算;

➤熟悉编制数控加工工艺文件的方法。

3.1 数控加工工艺的特点、内容与分析

在数控机床上加工零件与在普通机床上加工零件所涉及的问题基本是相通的,处理方式方法也相近。首先要遵循普通加工工艺的基本原则和方法,同时还要考虑数控机床加工自身的特点和编程的要求,因此在零件加工前要先对零件进行工艺分析与相关数学处理,然后根据现有的加工条件、工艺装备,如机床、夹具及刀具的特点拟出合理的工艺方案,然后制订出相应的加工工艺与加工程序。

3.1.1 数控加工工艺的特点

由于数控加工具有自动化程度高、精度高、质量稳定、生产效率高、设备费用高、功能强。因此数控加工工艺与普通加工工艺也存在着一定的差异,主要表现在以下几个方面:

1. 制订数控加工工艺内容要明确具体

在进行数控加工时,所有工艺问题,如加工部位、加工顺序、刀具配置顺序、刀具轨迹、切削参数等必须事先设计和安排好,并编入加工程序中。具体到每一次走刀路线和每一个操作细节,尤其在自动编程中更需要详细设定各种工艺参数,如主轴转速、切削进给参数、刀具的几何参数等。

2. 实施数控加工工艺工作要严密精确

在数控加工时由于其自适应性较差,因此在加工过程中可能遇到的所有问题必须事先精心考虑清楚,否则将导致严重的后果。如车削加工内腔时,数控机床不知道孔中是否塞满切屑,是否需要退刀清理后,再继续加工。而普通机床加工时可以根据加工过程中出现的实际问题而进行人为及时调整。为了做到万无一失、准确无误,数控加工工艺设计要求更加严密、精确。尤其在对零件

图进行数学处理和计算时,编程尺寸设定值要根据零件尺寸公差要求和零件的形状几何关系重新调整计算,才能确定合理的编程尺寸。

3. 确定数控加工工艺要考虑其特殊性

(1)柔性加工程度高、适应性强。由于在数控机床上加工零件,主要取决于加工程序,一般不需要很复杂的工艺装备,也不需要经常调整机床,就可以通过编程将外形复杂、精度高的零件加工出来。缩短了新产品的研制周期,给产品的改型换代提供了捷径。

(2)零件加工精度高、质量稳定。由于数控机床的刚度高,配置高级刀具,因此在同等情况下,数控机床切削用量比普通机床大,不仅加工效率高而且加工精度也较高。

(3)自动化程度高、效率高。由于数控机床是按输入程序自动完成加工的,一般情况下,操作者所要完成的是对程序的输入和编辑、工件的装卸、刀具的准备、加工状态的监测等,从而相应改善了劳动强度和条件。

(4)复合化程度高、工序集中。在数控机床上加工零件应尽量在一次装夹中完成更多的工序,这与数控机床本身的复合化程度高有关,因此其明显特点是工序相对集中,表现为工序数目少、工序内容多,并且尽可能安排较复杂的工序。

4. 设计数控加工工艺要考虑系统条件的影响

在数控加工中刀具的移动轨迹是由插补运算完成的。在数控系统已定的条件下,进给速度越快,则插补精度越低,导致工件的轮廓形状精度越差,尤其在高精度加工时这种影响非常明显。由此可见,制订数控加工工艺的着眼点是对整个数控加工过程的分析,关键在确定进给路线及生成刀具运动轨迹。加工工艺设计的正确与否将直接影响到数控加工的尺寸精度和表面精度、加工时间的长短、材料和人工的耗费,甚至直接影响了加工的安全性。

3.1.2 数控加工工艺的内容

数控加工工艺是指在数控机床上进行自动加工零件时运用各种方法及技术手段的综合体现。它是伴随着数控机床的产生、发展而逐步完善起来的一种应用技术。数控加工工艺主要包括以下内容:

(1)对被加工零件图样进行分析,明确加工内容、制订加工方案,对所要加工的零件进行技术要求分析,选择合适的加工方案与数控设备。

(2)确定数控机床加工的零件、工序和内容。

(3)确定零件的加工方案,制订数控加工工艺路线。如划分工序、安排加工顺序、热处理与非数控加工工序的衔接等。

(4)编制数控加工程序。根据零件的加工要求,分析数据、选择切削参数后对零件进行手工或自动编程。

(5)设计数控加工工序。如选取零件的定位基准、夹具方案的确定、划分工步、选取刀具并安装刀具等。

(6)选取对刀点和换刀点的位置、刀具补偿、加工路线、加工余量的确定。

(7)分配调整数控加工中的容差、处理数控机床上的部分工艺指令。

(8)零件的验收与质量误差分析。当零件加工完后应进行检验,并通过质量分析找出误差的原因及纠正的方法。

(9)数控加工工艺文件的制订编写、整理与归档。

一般来说,其工艺流程图如图 3-1 所示。

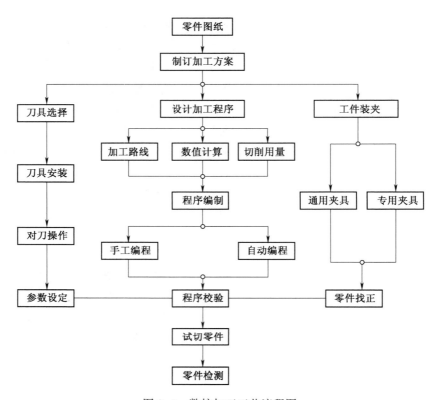

图 3-1　数控加工工艺流程图

3.1.3　数控加工工艺的分析

数控机床加工工艺涉及面广、影响因素较多,因此必须根据数控机床的性能特点、应用范围,对零件加工工艺进行分析。

(1)对零件数控加工的可能性进行分析,零件毛坯材质本身的力学性能、热处理状态、毛坯外形的可安装性及加工余量状况进行分析,为刀具材料和切削用量的选择提供依据。

(2)对零件图样尺寸的标注方法进行分析,若零件的尺寸标注分散地从设计基准引注,这样的标注将会给工序安排、加工、坐标计算和数控编程带来许多麻烦。单端车削加工的零件图样则要求从同一基准引注尺寸或直接给出相应的坐标值。而对于两端车削加工的零件不应该以一端作为基准进行标注如图 3-2 所示。应从两端作为基准分别向中间标注,最后在中间留开口尺寸,如图 3-3 所示。

(3)对刀具运动轨迹及装夹的可行性进行分析,零件毛坯外形和内腔是否有碍装夹或刀具定位、运动和切削,如图 3-4 所示零件内腔球面过深,加工时 $\phi 25$ mm 内孔能否出现与内孔刀杆发生干涉现象。必要时可进行刀具检测,为刀具运动路线的确定和程序设计提供依据。另外,对于车削零件,若需调头加工还应分析调头后有无装夹的可能,如图 3-5 所示该零件调头后无法装夹,因此也无法实现加工。

图 3-2　不合理的尺寸标注

图 3-3　合理的尺寸标注

图 3-4　内球面零件

图 3-5　销轴零件

（4）对构成零件轮廓的几何元素进行分析，采用手工编程时要计算构成零件轮廓的每一个节点坐标；自动编程时要对构成零件轮廓的所有几何元素进行定义，如零件设计人员在设计过程中忽略某些几何元素，出现条件不充分或模糊不清的问题，可能使编程无法进行。

（5）对零件加工余量状况进行分析，对于所有表面都需加工的工件，在选择粗基准时，应考虑合理分配各加工表面的余量，选择毛坯量最小、精度高的表面作粗基准。这样不会因位置的偏移而造成余量太少的部位加工不出来，如图 3-6 所示。阶梯轴为铸件，毛坯 A 侧余量小，B 侧余量大。粗车找正时应以 A 侧为基准，适当兼顾 B 侧加工余量。

（6）对零件结构工艺性进行分析。

①零件尺寸的标注由于零件设计人员在标注尺寸时，较多地从零件的作用及装配关系考虑，实际图样往往会出现局部分散的尺寸标注形式，如图 3-7 所示，这样会给数控编程加

图 3-6　以加工余量小的表面找正

工带来许多麻烦，因此，在数控加工的零件上，通常将局部分散的尺寸换算成同一基准的尺寸标注如图 3-8 所示，这样最符合数控机床加工的特点，既方便编程又能达到设计基准、工艺基准、测量基准与工件原点设置的一致性。

图 3-7　分散基准尺寸标注

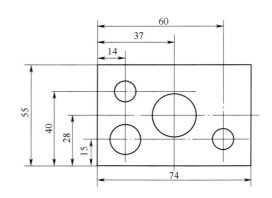

图 3-8　同一基准尺寸标注

②零件的几何形式零件外形、内腔是否可以采取统一的几何类型或尺寸,尽可能减少刀具数量和换刀次数,如在设计轴类工件轴肩空刀槽时,应将宽度尺寸设计一致以减少换刀次数提高效率。如图 3-9 所示,可将槽宽尺寸都改成 4 mm。

图 3-9　零件外形结构工艺示例

③零件的定位基准数控加工应尽量采用统一的基准定位,否则会因工件安装定位误差而导致工件加工的位置和形状误差。如车削两端加工零件,最好选已加工的外圆或内孔作为定位基准。若无外圆或内孔,则应设置辅助基准(增设工艺凸台或工艺孔),完成工件加工后再去掉辅助基准。

若没有已加工的外圆或内孔作定位基准装夹只有外螺纹,如图 3-10 所示球头螺纹件,可在加工完工件左端螺纹后卸件。装夹 φ48 mm×25 mm 圆料作定位套工装如图 3-11 所示,进行钻孔、镗孔、车削与之相配套的内螺纹,不卸定位套随即旋入球头零件加工右端球头。

图 3-10　球头螺纹件

图 3-11　工装内螺纹套

（7）对零件的技术要求及精度进行分析。

①零件的技术要求主要指尺寸精度、形状精度、位置精度、表面粗糙度及热处理等。通过分析精度及各项技术要求是否齐全，是否合理。对采用数控加工需装配内、外表面，其精度要求应尽量一致，以便最后能一刀连续切削。

②分析零件图上的尺寸公差要求，以确定控制其尺寸精度的加工工艺，如数控铣刀的直径、数控车刀的角度及切削用量的选择，若需后续加工，如磨削加工应为其留出磨削余量。

③找出零件上带有位置公差精度要求的表面，相互关联处应尽量在一次装夹下加工完成。否则重新装夹可根据数控机床的实际进行技术性的处理，如采用百分表找正等。

④对于有粗糙度要求的表面，应作为合理选择数控机床、刀具、确定切削速度的依据。

各项技术要求对装配质量和使用性能的影响，找出主要的和关键的技术要求。

（8）通过工艺分析选择合适的加工方案。对于同一零件由于安装定位的方式、刀具的配备、加工路线的选取、工件坐标系的设置以及生产规模等的差异，可能会出现多种加工方案，根据零件的技术要求来选择经济、合理的加工工艺方案。

3.1.4　毛坯的选择分析

在机械加工中毛坯的精度一般指毛坯的粗糙度和轮廓度。常用的毛坯种类有铸件、锻件、型材、焊接件等。一般来说，毛坯制造精度越高，其形状和尺寸越接近成品零件外形。使劳动强度、材料消耗、产品成本降低，但毛坯的制造费用却会因采用了先进的设备而增加。因此，在确定毛坯时应当综合考虑各方面的因素，以求得最佳的效果。

确定毛坯时，主要考虑下列因素：

（1）零件的材料和力学性能。一般来说，从零件的材料可以确定毛坯的种类，而其力学性能的高低，也会在一定程度上影响毛坯的种类，如力学性能要求较高的钢件，其毛坯最好用锻件而不用型材。

（2）生产类型。不同的生产类型决定了不同的毛坯制造方法。在大批量生产中，应采用精度和生产率都较高的、先进的毛坯制造方法，如铸件应采用金属模机器造型，锻件应采用模锻。还应当充分考虑采用新工艺、新技术和新材料的可能性，如精铸、精锻、冷挤压、冷轧、粉末冶金和工程塑料等。单件小批量生产则一般采用木模手工造型或自由锻等比较简单方便的毛坯制造方法，近年来在单件生产中，消失模铸造被广泛应用。消失模铸造是一项创新的铸造工艺方法，使用聚苯乙烯制作模型，熔融金属浇入铸型后模型汽化被金属所取代形成铸件。

（3）零件的结构形状和外形尺寸。在充分考虑了上述两个因素后，有时零件的结构形状和外形也会影响毛坯的种类和制造方法。如常见的一般用途的钢质阶梯轴，当各台阶直径相差不大时可用棒料；若各台阶直径相差很大时，宜用锻件；成批生产中小型零件可选用模锻件；而大尺寸的钢轴受到设备和模具的限制，一般选用自由锻件等。

3.2　数控加工定位基准的选择

用来确定生产对象上几何要素间的几何关系所依据的那些点、线、面，称为基准点、线、面。根据它来确定其他点、线、面的距离和位置。

3.2.1 基准的分类

按其功用不同,基准可分为设计基准和工艺基准两大类。

1. 设计基准

设计基准是指零件图上所采用的基准,它是标注设计尺寸的起点。如图 3-13 所示的钻套零件,轴心线是外圆和内孔的设计基准,也是两项跳动误差的设计基准,端面 A 是端面 B、C 的设计基准。

2. 工艺基准

工艺基准是指在加工过程中所使用的基准。零件在加工、测量和装配时所使用的基准点、线、面有时并不一定具体存在,如典型的孔和外圆的中心线,它们往往通过具体的表面体现出来,这样的表面称为基准面。如钻套的中心线是通过内孔表面(基准面)来体现的。

工艺基准又可分为定位基准、工序基准、测量基准和装配基准。

(1)定位基准。在加工中用作定位的基准,称为定位基准。它是工件与夹具定位元件直接接触的点、线或面。工件定位基准一经确定,工件的其他部分的位置也就确定了。如车削一轴类零件,用三爪自定心卡盘装夹工件时,定位基准是工件外圆。用双顶尖装夹时,定位基准面是工件的两中心孔(见图 3-12),定位基准则是轴的中心线。

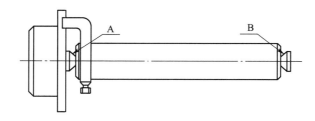

图 3-12　双顶尖装夹定位为两中心孔 A—B

(2)工序基准。在工序图上,用来标定工序被加工面尺寸和位置所采用的基准,称为工序基准。它是某一工序所要达到加工尺寸(即工序尺寸)的起点。工序基准应当尽量与设计基准相重合,当考虑定位或试切测量方便时也可以与定位基准或测量基准相重合。

(3)测量基准。零件测量时所采用的基准,称为测量基准。如图 3-13 所示,若将钻套内孔套在心轴上测量外圆的径向圆跳动,则内孔表面是测量基准面,孔的中心线就是外圆的测量基准。用游标卡尺测量钻套长度(66±0.22)mm 和 12 mm 两个尺寸,则表面 A 是表面 B、C 的测量基准。

(4)装配基准。装配时用以确定零件在机器中位置的基准,称为装配基准。如图 3-13 所示,钻套外圆 $\phi40$ 及圆环面 B 即是装配基准。

3.2.2　定位基准的选择分析

定位基准分为粗基准和精基准。用作定位的表面,如果是没有经过加工的毛坯表面,称为粗基准;选择粗基准时,主要应保证各加工面有足够的余量,使加工面与不加工面间的位置符合图样要求,若是已加工过的表面,则称为精基准,在选择精基准时,要考虑保证加工精度的要求。

定位基准的选择与加工工艺过程的制订是密切相关的。因此对定位基准的选择要多制订一些

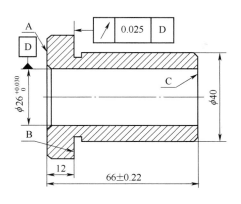

图 3-13　钻套设计基准示例

方案,然后进行比较分析,这样对保证加工精度和确定加工顺序有着决定性的作用。

1. 粗基准的选择原则

(1)选择非加工表面作为粗基准。工件上各表面不需全部加工时,为了保证加工表面与非加工表面间的相互位置精度,应选用工件非加工表面作为粗基准,粗基准选择如图 3-14 所示。要求 $\phi 74$ mm 外圆与 $\phi 50$ mm 内孔之间壁厚均匀,应选 $\phi 74$ mm 外圆作粗基准。

在工件径向上如果有多个非加工面,则应选用其中与要求加工面位置精度较高的非加工面为粗基准,以便保证要求,使外形对称。再如粗基准选择如图 3-15 所示,要求 $\phi 75$ mm 外圆与内孔 $\phi 60$ mm 之间壁厚均匀,则应选 $\phi 75$ mm 外圆作粗基准,而不应考虑 $\phi 50$ 外圆与内孔壁之间均匀与否。

图 3-14　铸件粗基准(一)

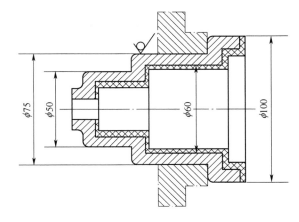

图 3-15　铸件粗基准(二)

(2)选择加工表面作为粗基准。在没有要求保证重要表面加工余量均匀的情况下,如果零件上每个表面都要加工,则应选择其中加工余量最小的表面为粗基准,以避免该表面在加工时因余量不足而留下部分毛坯面,造成工件废品,如图 3-16 所示毛坯内腔 $\phi 90$ mm 余量大,外圆 $\phi 120$ mm 余量小,第一次装夹加工应选择外圆 $\phi 120$ mm 为粗基准。调头第二次加工则应以内壁 $\phi 90$ mm 为基准加工 $\phi 120$ mm 外圆,如图 3-17 所示。

图 3-16　铸件第一次装夹粗基准选择

图 3-17　铸件第二次装夹基准选择

（3）选择重要的表面作为粗基准。为了保证工件上重要表面的加工余量小而均匀，则应选择重要的表面为粗基准。重要表面一般是指工件上加工精度以及表面质量要求较高的表面。

轴承座如图 3-18 所示，轴承座为铸件，在加工时要求轴承座装配平面上表面尺寸精度高，表面粗糙度值小，是装配轴承上盖的基准。因此在加工时，应先选择轴承座底面作为粗基准加工座底面，然后再以座底面为基准加工上表面。

（4）粗基准应避免重复使用。粗基准在同一尺寸方向上只能使用一次，因为粗基准本身都是未经机械加工的毛坯面，其表面粗糙度值大且精度低，若重复使用将产生较大的误差，如图 3-19 所示毛坯粗基准第一次装夹加工右端；当将毛坯调头重新装夹再加工左端时，会产生较大的同轴度误差，而且轴心线严重偏移如图 3-20 所示。

图 3-18　轴承座

图 3-19　毛坯粗基准第一次装夹

图 3-20　毛坯调头第二次装夹粗基准

（5）选择较为平整光洁、加工面积较大的表面为粗基准，以便工件定位可靠、夹紧方便。

对于轴类零件,当各段直径相差不大时,可用棒料;若相差较大时,则宜采用锻造毛坯。形状复杂和薄壁毛坯,一般不应采用金属型铸造;尺寸较大的毛坯,通常不采用模锻、压力铸造和熔模铸造,多数采用自由锻、砂型铸造和焊接等方法制坯。目前精锻、精铸都可以达到很高的精度,因此在实际加工中要根据情况,正确地选择基准。

2. 精基准的选择原则

　　用已加工过的表面作为定位基准称为精基准。应主要考虑加工精度和工件安装方便可靠,其选择原则如下:

　　(1)基准重合原则。选择设计基准或装配基准作为定位基准,以避免产生基准不重合误差。这种基准重合的情况能使某个工序所允许出现的误差加大,从而使加工更容易达到精度要求,经济性更好。但是,这样往往会使夹具结构复杂,增加操作困难,如轴套、齿轮坯和带轮,在精加工时利用心轴以孔作为定位基准来加工外圆等,如图3-21所示。在车床的三爪自定心卡盘上加工法兰盘时,一般先车好法兰盘的内孔和螺纹,然后将它安装在专用的心轴上再加工凸肩、外圆和端面。即将定位基准和装配基准重合,达到装配精度要求。

　　(2)基准统一原则。同一零件的多道工序,应采用同一个基准定位加工零件上尽可能多的表面,这就是基准统一原则。这样做可以简化工艺规程的制订工作,减少

图3-21　零件的装配基准

夹具设计、制造工作量和成本,缩短生产准备周期;由于减少了基准转换,便于保证各加工表面的相互位置精度。基准重合原则与基准统一原则有时会出现矛盾,处理方法是遇有尺寸精度较高的表面应以基准重合为主,否则均采用基准统一原则。

　　例如,加工长轴类零件时,采用两中心孔作为定位基准来加工外圆各表面、箱体类零件采用一面两孔定位、齿轮的齿坯和齿形加工多采用齿轮的内孔及一端面为定位基准等,这些均属于基准统一原则。

　　(3)自为基准原则。某些要求加工余量小而均匀的精加工工序,选择加工表面本身作为定位基准,称为自为基准原则。对于加工精度要求高,加工余量小且均匀的表面,常采用加工本身作为定位基准,如图3-22所示浮动铰刀铰孔。再如拉刀拉孔、无心磨床磨外圆等,均属于自为基准。

　　(4)互为基准原则。当工件上两个相互位置精度要求很高的表面进行加工时,需要用两个表面互相作为基准,反复进行加工,以保证位置精度要求,如图3-23所示加工精密齿轮时,先以内孔定位加工齿形面,并将齿面淬硬,再以小而均匀余量磨削齿形,然后再以齿面定位磨内孔,再以内孔定位磨齿面。通过互为基准原则,保证齿面与内孔的相互位置精度要求。

　　(5)便于装夹原则。所选精基准应保证工件安装可靠,夹具设计简单、操作方便。

3. 辅助基准的选择原则

　　辅助基准是为了便于装夹或易于实现基准统一而人为制成的一种定位基准,如轴类零件加工

所用的两个中心孔,它不是零件的工作表面,只是出于工艺上的需要才做出的,为了安装方便,毛坯上专门铸出工艺台,也是典型的辅助基准,如图3-24所示,加工完毕后再处理掉。

图 3-22　浮动铰刀铰孔　　　　图 3-23　加工精密齿轮　　　　图 3-24　工艺台

 相关链接

　　选择定位基准时必须根据具体情况,仔细地分析和比较,实际上无论精基准还是粗基准,原则都不可能同时满足,有时还是相互矛盾的。因此在选择时应根据具体情况进行分析。

3.3　数控加工工艺路线的拟订

　　工艺路线的拟订是制订工艺规程的关键。规定零件的制造工艺过程和操作方法等的工艺文件,称为工艺规程。它是在具体的生产条件下,以最合理或较合理的工艺过程和操作方法,并按规定的图表或文字形式书写成工艺文件。

　　拟订工艺路线首先应选择各道工序的具体加工内容;然后确定各工序所用的机床及工艺装备;各个表面的加工方法和加工方案;各表面的加工顺序及工序集中与分散的程度,合理选择机床、刀具、夹具、切削用量及工时定额等。

3.3.1　工艺路线设计

　　选择各加工表面的加工方法、划分加工阶段、划分工序以及安排工序的先后顺序等是工艺路线设计的主要内容。设计者应根据从生产实践中总结出来的一些综合性的工艺原则,结合现有实际生产条件,提出几种方案,通过对比分析,从中选择最佳方案。

　　机械零件的结构形状是多种多样的,但它们都是由平面、外圆柱面、内圆柱面或曲面、成形面等基本表面组成的。表面加工方法的选择,一般先根据表面的加工精度和粗糙度要求选定最终加工方法,然后再确定精加工前准备工序的加工方法,即确定加工方案。由于获得同一加工精度和表面粗糙度的加工方法有多种,在选择时除了考虑生产要求和经济效益外,还应该考虑零件材料、结构形状、尺寸及生产类型以及具体生产条件等。

1. 外圆表面加工方法的选择

　　外圆表面的加工方法主要有车削和磨削。当表面粗糙度要求较小时,还需要光整加工。常见外圆表面的加工方法见表3-1。

表 3-1　常见外圆表面的加工方法

序号	加工方案	精度等级	表面粗糙度 Ra/μm	适用范围
1	粗车	IT11 以下	50~12.5	适用于淬火钢以外的各种金属
2	粗车→半精车	IT8~10	6.3~3.2	
3	粗车→半精车→精车	IT7~8	1.6~0.8	
4	粗车→半精车→精车→滚压（或抛光）	IT7~8	0.2~0.025	
5	粗车→半精车→磨削	IT7~8	0.8~0.4	主要用于淬火钢,也可用于未淬火钢,但不宜加工有色金属
6	粗车→半精车→粗磨→精磨	IT6~7	0.4~0.1	
7	粗车→半精车→粗磨→精磨→超精加工	IT5	0.1~Rz0.1	
8	粗车→半精车→精车→金刚石车	IT6~7	0.4~0.025	用于要求较高的有色金属加工
9	粗车→半精车→粗磨→精磨→超精磨或镜面磨	IT5 以上	0.025~Rz0.05	极高精度的外圆加工
10	粗车→半精车→粗磨→精磨→研磨	IT5 以上	0.1~Rz0.05	

注意,外圆加工表面的加工方法,除了与被加工零件所要求的加工精度和表面粗糙度有关外,还与被加工零件的材料有关,一般来说有以下限制:

（1）最终工序为车削的加工方案,适用于除淬火钢以外的各种金属。

（2）最终工序为磨削的加工方案,适用于淬火钢、未淬火钢和铸铁。不适用于有色金属,因其韧性大,磨削时易堵塞砂轮。

（3）最终工序为精细车或金刚车的加工方案,适用于要求较高的有色金属的精加工。

（4）最终工序为光整加工,如研磨、超精磨及超精加工等,一般在光整加工前应精磨。

（5）对于表面粗糙度要求高而尺寸精度要求不高的外圆,可通过滚压或抛光加工。

2. 内孔表面加工方法的选择

加工方法有钻、扩、铰、镗、拉、磨及光整加工等,常见内孔表面加工方法见表3-2。

表 3-2　常见内孔表面加工方法

序号	加工方案	精度等级	表面粗糙度 Ra/μm	适用范围
1	钻	IT11~IT12	12.5	加工未淬火钢及铸铁的实心毛坯,也可用于加工有色金属（但表面粗糙度稍大,孔径小于15~20 mm）
2	钻→铰	IT9	3.2~1.6	
3	钻→铰→精铰	IT7~IT8	1.6~0.8	
4	钻→扩	IT10~IT11	12.5~6.3	同上,但孔径大于15~20 mm
5	钻→扩→铰	IT8~IT9	3.2~1.6	
6	钻→扩→粗铰→精铰	IT7	1.6~0.8	
7	钻→扩→机铰→手铰	IT6~IT7	0.4~0.2	

序号	加工方案	精度等级	表面粗糙度 $Ra/\mu m$	适用范围
8	钻→扩→拉	IT7～IT9	1.6～0.1	大批大量生产(精度由拉刀的精度而定)
9	粗镗(或扩孔)	IT11～IT13	12.5～6.3	除淬火钢外各种材料,毛坯有铸出孔或锻出孔
10	粗镗(粗扩)→半精镗(精扩)	IT9～IT10	3.2～1.6	
11	粗镗(扩)→半精镗(精扩)→精镗(铰)	IT7～IT8	1.6～0.8	
12	粗镗(扩)→半精镗(精扩)→精镗→浮动镗刀精镗	IT6～IT7	0.8～0.4	
13	粗镗(扩)→半精镗→磨孔	IT7～IT8	0.8～0.2	主要用于淬火钢或未淬火钢,但不宜用于有色金属
14	粗镗(扩)→半精镗→粗磨→精磨	IT7～IT8	0.2～0.1	
15	粗镗→半精镗→精镗→金钢镗	IT6～IT7	0.4～0.05	主要用于精度要求高的有色金属加工
16	钻→(扩)→粗铰→精铰→珩磨;钻→(扩)→拉→珩磨;粗镗→半精镗→精镗→珩磨	IT6～IT7	0.2～0.025	精度要求很高的孔
17	以研磨代替上述方案中的珩磨	IT6级以上	0.000 6～0.1	

(1)对于加工精度为IT9级的孔,除淬火钢以外,当孔径小于10 mm时,采用钻→铰方案;当孔径小于30 mm时,采用钻→扩→铰方案;当孔径大于30 mm时,采用钻→镗方案。

(2)对于加工精度为IT8级的孔,除了淬火钢以外,当孔径小于20 mm时,可采用钻→铰方案;当孔径大于20 mm时,可采用钻→扩→铰方案,但孔径应在20～80 mm范围内,此外也可采用最终工序为精镗或拉孔的方案;淬火钢可采用磨削加工方案。

(3)对于加工精度为IT7级的孔。当孔径小于12 mm时,可采用钻→粗铰→精铰方案;当孔径在12～60 mm之间时,可采用钻→扩→粗铰→精铰方案或钻→扩→磨孔方案。

(4)若加工毛坯上已铸出或锻出的孔,可采用粗镗→半精镗→精镗方案或采用粗镗→半精镗→磨孔方案,最终工序为铰孔的方案适用于未淬火钢或铸铁。

(5)对有色金属来说,若采用铰孔加工表面粗糙度较大,常用精细镗孔代替铰孔。最终工序为拉孔的方案适用于大量生产,工件材料为未淬火钢、铸铁及有色金属。最终工序为磨孔的方案适用于加工除硬度低、韧性大的有色金属外的淬火钢、未淬火钢和铸铁。

(6)对于加工精度为IT6级的孔,最终工序采用手铰、精细镗、研磨或珩磨等方案均能达到要求,应视具体情况选择。韧性较大的有色金属不宜采用珩磨,可采用研磨或精细镗。研磨对大、小孔加工均适用,而珩磨只适用于大直径孔的加工。

3. 平面加工方法的选择

平面的主要加工方法有铣削、刨削、车削、磨削及拉削等,精度要求高的表面还需经研磨或刮削加工,常用平面加工方法见表3-3。

表 3-3　常见平面加工方法

序号	加工方案	精度等级	表面粗糙度 Ra/μm	适用范围
1	粗车→半精车	IT9	6.3~3.2	适用于工件的端面加工
2	粗车→半精车→精车	IT7~IT8	1.6~0.8	
3	粗车→半精车→磨削	IT6~IT8	0.8~0.2	
4	粗刨(或粗铣)→精刨(或精铣)	IT8~IT9	6.3~1.6	一般不淬硬平面(端铣表面粗糙度较细)
5	粗刨(或粗铣)→精刨(或精铣)→刮研	IT6~IT7	0.8~0.1	精度要求较高的不淬硬平面;批量较大时宜采用宽刃精刨方案
6	以宽刃刨削代替上述方案刮研	IT7	0.8~0.2	
7	粗刨(或粗铣)→精刨(或精铣)→磨削	IT7	0.8~0.2	精度要求高的淬硬平面或不淬硬平面
8	粗刨(或粗铣)→精刨(或精铣)→粗磨→精磨	IT6~IT7	0.4~0.02	
9	粗铣→拉	IT7~IT9	0.8~0.2	大量生产,较小的平面(精度视拉刀精度而定)
10	粗铣→精铣→磨削→研磨	IT6级以上	0.1~Rz0.05	高精度平面

对于平面加工方案在选择时应考虑以下几方面的因素:

(1)最终工序为刮研的加工方案多用于单件小批生产中配合表面要求高且不淬硬的平面加工。

(2)当批量较大时,可用宽刀细刨代替刮研。宽刀细刨特别适用于加工像导轨面那样的狭长窄平面,能显著提高生产率。

(3)磨削适用于直线度及表面粗糙度要求高的淬硬工件和薄片工件,也适用于为淬硬钢件上面积较大的平面的精加工。但不宜加工塑性较大的有色金属。

(4)车削主要用于回转体零件端面的加工,以保证端面与回转轴线的垂直度要求。

(5)拉削平面适用于大批量生产中的加工质量要求较高且面积较小的平面。

(6)最终工序为研磨的方案适用于高精度、表面粗糙度较小的小型精密零件平面,如量规等精密量具的表面。

3.3.2　进给路线的确定

进给路线是指刀具相对于工件运动的轨迹,也称加工路线。在普通机床加工中,进给路线由操作者直接控制,工序设计时,无须考虑。但在数控加工中,进给路线是由数控系统控制的。因此,工序设计时,必须拟订好刀具的进给路线,绘制进给路线图,以方便编写数控加工程序,进给路线的确定主要有以下几个原则:

(1)使工件表面获得所要求的加工精度和表面质量;例如,避免刀具从工件轮廓法线方向切入、切出及在工件轮廓处停刀,以防留下刀痕,先完成对刚性破坏小的工步,后完成对刚性破坏大的工步,以免工件刚性不足影响加工精度等。

（2）尽量使进给路线最短,减少空走刀时间,以提高加工效率。

（3）使数值计算容易,以减少数控编程中的计算工作量。

3.3.3　加工阶段的划分

当零件的加工质量要求较高时,往往不可能用一道工序来满足要求,而要用几道工序逐步达到所要求的加工质量。加工阶段的划分不是绝对的,必须根据工件的加工精度要求和工件的刚性来决定。

1. 加工阶段的划分方法

加工阶段的划分方法按工序的性质不同,零件的加工过程常可分为粗加工、半精加工、精加工和光整加工四个阶段。

（1）粗加工阶段。主要是切除毛坯上大部分多余的金属,使毛坯在形状和尺寸上接近零件成品。因此,这一阶段主要以提高生产率为主。

（2）半精加工阶段。半精加工阶段是使主要表面达到一定的精度,留一定的精加工余量。为主要表面的精加工(如精车、精磨)做准备。并可以完成一些次要表面加工,如扩孔、攻螺纹、铣键槽等。

（3）精加工阶段。精加工阶段是为了保证各主要表面达到规定的尺寸精度和表面粗糙度要求。因此,应以全面保证加工质量为主。

（4）光整加工阶段。光整加工阶段对零件上精度和表面粗糙度要求很高(IT6 级以上,粗糙度 $Ra0.2$ mm 以下)的表面,需进行光整加工,这个阶段的主要目的是提高表面质量,一般不能用于提高形状精度和位置精度。常用的加工方法有金刚车(镗)、研磨、珩磨、超精加工、镜面磨、抛光及无屑加工等。

一般说来,工件精度要求越高、刚性越差,划分阶段应越细;当工件批量小、精度要求不太高、工件刚性较好时也可以不分或少分阶段;重型零件由于输送及装夹困难,一般在一次装夹下完成粗、精加工。

2. 划分加工阶段的目的

（1）保证加工质量。工件在粗加工时,切除的金属层较厚,切削力和夹紧力都比较大,切削温度也高,将引起较大的变形。若不划分加工阶段将粗、精加工混在一起,将引起加工误差。另外按加工阶段也可将粗加工造成的加工误差,通过半精加工和精加工来纠正,从而保证零件的加工质量。

（2）合理使用机床设备。粗加工余量大,切削用量大,可采用功率大、刚度好、效率高而精度低的机床。精加工切削力小,可采用高精度机床,以发挥设备各自的特点,这样既能提高生产效率,又能延长精密设备的使用寿命。

（3）及时发现毛坯缺陷。对毛坯上的各种缺陷,如铸件的气孔、夹砂和余量不足等,在粗加工后即可发现,便于及时修补或决定是否报废,以免继续加工造成工时浪费。

（4）便于安排热处理工序。如精密机床主轴在粗加工后要安排去除应力,人工时效处理,以消除内应力。半精加工后要安排淬火,而在精加工后要安排高温回火等,最后进行光整加工。

3.3.4　工序的划分

零件在加工过程中安排工序数量的多少,可遵循工序集中或分散的原则来确定。工序集中就是零件的加工集中在少数工序内完成,而每一道工序的加工内容却很多;工序分散则相反,整个工艺过程中工序的数量多,每一道工序的加工内容却很少。

在拟订工艺路线时,工序是集中还是分散,即工序数量是多还是少,主要取决于生产规模和零件的结构特点及技术要求。一般情况下,单件小批生产时,多采用工序集中;大批生产时,即可采用多刀、多轴等高效机床将工序集中,也可将工序分散后组织流水线生产。

1. 切削加工工序的安排

(1)按所用刀具划分工序。以同一把刀具完成的那一部分工艺过程为一道工序。目的是为了减少安装次数,提高加工精度,减少换刀次数,缩短辅助时间,提高加工效率。适用于工件的待加工表面较多,机床连续工作时间过长,加工程序的编制和检查难度较大等情况,数控机床常采用这种方法。

如图 3-25 所示,该零件可采用刀具划分工序形式,将多把刀具(如 $\phi17.5$ mm 钻头、$\phi18$ mm 铰刀、$\phi15$ mm 钻头、镗刀等)归在一起统一进行分配加工内容,有利于在自动生产线上统一管理加工。

图 3-25 铰、镗孔零件铣削加工

(2)按粗、精加工划分工序。粗加工中完成的那一部分工艺过程为一道工序,精加工中完成的那一部分工艺过程为另一道工序。主要应用于加工变形大,需要粗、精加工分开的零件。如薄壁件或毛坯为铸件或锻件,也应用于需要穿插热处理的零件,套类零件加工如图 3-26 所示,其内腔尺寸精度不均衡,$\phi40$ 外圆精度较高,应按粗、精加工划分工序。

图 3-26 套类零件加工

（3）按装夹次数划分工序。以一次安装完成的那一部分工艺过程为一道工序,适合于加工内容不多的工件,加工完成后就能达到待检状态。如内锥检具如图3-27所示,车削加工时,首先应进行左右接点划分,第一道工序左端加工如图3-28所示,然后调头二次装夹车削右端,图3-29所示。

图3-27　内锥检具

图3-28　左端加工

图3-29　右端加工

（4）按加工部位划分工序。完成相同型面的那一部分工艺过程为一道工序。主要用于加工表面多而复杂的零件,此时,可按其结构特点(如内形、外形、曲面和平面),将加工划分为几个部分。

2. 热处理工序的安排

热处理可以提高材料的力学性能,改善金属的切削性能以及消除残余应力。在制订工艺路线时,应根据零件的技术要求和材料的性质,合理安排热处理工序。

（1）退火与正火。退火或正火的目的是为了消除组织的不均匀,细化晶粒,改善金属的加工性能。对高碳钢零件用退火降低其硬度,对低碳钢零件用正火提高其硬度,以获得适中、较好的可切削性,同时能消除毛坯制造中的内应力。一般安排在机械加工之前进行。

（2）时效处理。时效处理以消除内应力,减少工件变形为目的。为了消除残余内应力,在工艺过程中需安排时效处理。对于一般铸件,常在粗加工前或粗加工后安排一次时效处理;对于要求较高的零件,在半精加工后仍需再安排一次时效处理;对于一些刚性较差、精度要求特别高的重要零件(如精密丝杠、主轴等),经常在每个加工阶段之间都需要安排一次时效处理。时效处理属于消除残余内应力热处理。

（3）调质。调质是对零件淬火后再高温回火,能消除内应力、改善加工性能并能获得较好的综合力学性能。一般安排在粗加工之后进行。对一些性能要求不高的零件,可作为最终热处理。

（4）淬火、渗碳淬火和渗氮。它们的主要目的是提高零件的强度、硬度和耐磨性,常安排在精加工(磨削)之前进行,以便通过精加工纠正热处理引起的变形。其中,渗氮由于热处理温度较低,零件变形很小,也可以安排在精加工之后。这种热处理方法为最终热处理。

3. 辅助工序的安排

检验工序是主要的辅助工序,除每道工序由操作者自行检验外,在粗加工之后,精加工之前,零件转换车间时,以及重要工序之后和全部加工完毕,进库之前,一般都要安排检验工序。

拓展延伸

工序的衔接问题:

有些零件的加工是由普通机床和数控机床共同完成的,数控机床加工工序一般都穿插在整个工艺过程之间。因此,应注意解决好数控工序与非数控工序间的衔接问题。如毛坯热处理的要求,作为定位基准的孔和面的精度是否满足要求,是否为下道工序留有加工余量、留多大等,都应该衔接好,以免产生矛盾。

3.4 工件的定位与基准

在数控加工中,首先要把工件安放在机床工作台上或夹具中,使它和刀具之间有相对的位置,这个过程称为定位。工件定位后,还要将工件固定下来,使其在加工过程中保持定位位置不变,这个过程称为夹紧,工件从定位到夹紧的整个过程称为安装。正确安装后,机床、夹具、刀具和工件之间才能保持正确的相对位置关系,最后才能加工出合格的零件。

3.4.1 六点定位原理

1. 工件的六个自由度

一个自由运动的刚体在三维空间中所具有的运动,称为自由度。刚体在三维空间中的运动分平动和转动两种运动形式。如图 3-30 所示,即沿空间坐标轴 X、Y、Z 三个方向的移动和绕这三个坐标轴的转动分别以 $\vec{X}$、$\vec{Y}$、$\vec{Z}$ 和 $\overset{\curvearrowright}{X}$、$\overset{\curvearrowright}{Y}$、$\overset{\curvearrowright}{Z}$ 表示。

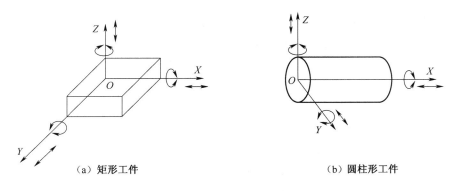

（a）矩形工件　　　　　　　　　　（b）圆柱形工件

图 3-30　工件在三维空间中的自由度

2. 六个自由度的限制

定位就是限制自由度,要使工件在空间的位置完全确定下来,必须消除六个自由度。通常用一个固定的支承点限制工件的一个自由度,用合理分布的六个支承点限制工件的六个自由度,使工件在夹具中的位置完全确定下来,这就是六点定位原理。

这些用来限制工件自由度的固定点,称为定位支承点,简称支承点。如图 3-31 所示的长方体工件,欲使其完全定位,可以设置六个支承点,工件的三个面分别与这些点保持接触,在其底面设置三个不共线的点 1、2、3 即构成一个面,限制工件的三个自由度 $\vec{Z}$、$\widehat{X}$、$\widehat{Y}$;侧面设置两个点 4、5 成一条直线,限制了 $\vec{X}$、$\widehat{Z}$ 两个自由度;端面设置一个点 6 限制 $\vec{Y}$ 一个自由度,于是工件的六个自由度便都被限制了。一个定位支承点仅限制一个自由度,一个工件有六个自由度,

图 3-31　六个自由度的限制

所设置的定位支承点数目,原则上不应超过六个。定位支承点限制工件自由度的作用,应理解为定位支承点与工件定位基准面始终保持紧贴接触。若二者脱离,则意味着失去定位作用。

拓展延伸

　　定位支承点的定位作用,不考虑力的影响。工件的某一自由度被限制,并非指工件在受到使其脱离定位支承点的外力时,不能运动;欲使其在外力作用下不能运动,是夹紧的任务;反之,工件在外力作用下不能运动,即被夹紧,也并非是说工件的所有自由度都被限制了。因此,定位和夹紧是两个概念,绝不能混淆。

3.4.2　工件定位方式

使用夹具装夹工件过程中,有完全定位、不完全定位、欠定位和重复定位四种定位方式。

1. 完全定位

工件的六个自由度全部被限制的定位,称为完全定位。当工件在 X、Y、Z 三个坐标方向上均有尺寸要求或位置精度要求时,一般采用这种定位方式,如图 3-31 所示。

2. 不完全定位

根据某种定位方式,没有全部消除工件的六个自由度,而能满足加工要求的定位,称为不完全定位,如图 3-32 所示。根据加工要求,不需要限制 $\vec{X}$ 和 $\widehat{X}$ 两个自由度,故自动定心三爪卡盘夹持工件需限制四个自由度,以实现四点定位。

图 3-32　车床上加工通孔的不完全定位

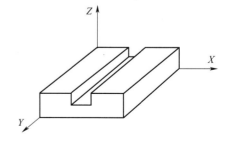

图 3-33　铣床上加工槽必须限制 Z 轴自由度

3. 欠定位

根据工件的加工要求,应该限制的自由度没有完全被限制的定位,称为欠定位。欠定位无法保

证加工要求,是绝不允许的,如图 3-33 所示,在铣床上加工槽,如果 $\vec{Z}$ 没有被限制,就不能保证槽底的尺寸精度,如图 3-33 所示。

4. 过定位（重复定位）

夹具上两个或两个以上的定位元件,重复限制工件的同一个或几个自由度的现象,称为重复定位或称过定位。如图 3-34 所示长轴圆柱面与端面联合定位情况,由于大端面限制 $\vec{X}$、$\hat{Y}$、$\hat{Z}$ 三个自由度,长轴圆柱面限制 $\vec{Y}$、$\vec{Z}$ 和 $\hat{Z}$、$\hat{Y}$ 四个自由度,可见 $\hat{Y}$、$\hat{Z}$ 被两个定位元件重复限制,出现过定位。

由于过定位往往会带来不良后果,一般设计定位方案时,应尽量避免。可对图 3-34 所示过定位进行改进,改进后如图 3-35 所示,在工件与大端面之间加球面垫圈,以消除过定位。或者将大端面改为小端面,以消除过定位,从而避免过定位,如图 3-36 所示。

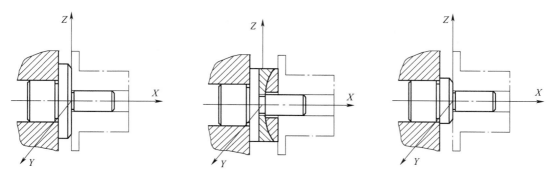

图 3-34　过定位示例　　　图 3-35　大端面加球面垫圈　　　图 3-36　大端面改为小端面

过定位是否采用,要根据具体情况而定。当过定位不影响工件的正确位置,对提高加工精度有利时也可以采用。

3.4.3　工件定位方式和定位元件

工件在夹具中的定位,是通过把定位支承点转化为具有一定结构的定位元件,再将其与工件相应的定位基准面相接触或配合而实现的。一般应根据工件上定位基准面的形状,选择相应的定位元件。而定位表面分为以平面定位、以内圆柱孔定位、以外圆柱面定位和以组合表面定位等四种方式。由于定位方式的不同,所采用的定位元件也不同。

1. 以平面定位

工件以平面定位基准定位时,常用定位元件有固定支承、可调支承、自位支承和辅助支承四类。

（1）固定支承有支承钉和支承板两种形式。A 型为平头支承钉如图 3-37(a) 所示,常用于毛坯粗糙不平表面的定位;B 型为球头支承钉如图 3-37(b) 所示,常用于毛坯较平的表面,这种支承钉是点接触,在使用过程中容易磨损;C 型为齿纹头支承钉如图 3-37(c) 所示,常用在工件的侧面,能增加接触面积的摩擦力,防止工件滑动。

当工件以精基准面定位时,除采用上述平头支承钉外,通常还用图 3-38 所示的支承板作定位元件。A 型支承板结构简单,便于加工制造,但不利于清除切屑,故适用于顶面和侧面定位;B 型支承板则易保证工作表面清洁,故适用于底面定位。

（a）A型平头支承钉　　（b）B型球头支承钉　　（c）C型齿纹头支承钉

图 3-37　支承钉

（a）A型　　　　　　　　　　　　（b）B型

图 3-38　支承板

（2）可调支承是指支承的高度可以进行调节的支承，如图 3-39 所示，调节时松开螺母将调整钉调到所需高度，再拧紧螺母即可。调整时先松后调，调好后用防松螺母锁紧。常用于工件以粗基准面定位，或定位基准面的形状复杂，如成型面、台阶面等，以及每批次毛坯的尺寸、形状变化较大的场合。

（a）手动调整结构　　　　　（b）工具调整结构　　　　　（c）简易调整结构

图 3-39　可调支承结构

（3）自位支承也称浮动支承，工件在定位过程中，既能随工件定位基准位置的变化而自动调节，又能避免过定位，常把支承做成浮动或联动的结构，称为自位支承。其作用相当于一个固定支承，只限制一个自由度。由于增加了接触点数，可提高工件的装夹刚度和稳定性，但夹具结构稍复杂，自位支承一般适用于毛面定位或刚性不足的场合，如图 3-35 所示大端面加球面垫圈的支承就属于一种自位支承。

（4）辅助支承，由于工件尺寸、形状或局部刚度较差，造成其定位不稳或受力变形，这时需增设辅助支承，用以承受工件重力、夹紧力或切削力。其特点是待工件定位夹紧后，再调整辅助支承，使其与工件的有关表面接触并锁紧，且每安装一个工件就需调整一次，但此支承不限制工件的自由度,也不允许破坏原有定位。

2. 以内圆柱孔定位

各类套筒、盘类、杠杆、拨叉等零件,常以圆柱孔定位。所采用的定位元件有圆柱定位销、圆锥定位销和心轴。这种定位方式的基本特点是定位孔与定位元件之间处于配合状态,并要求确保孔中心线与夹具规定的轴线相重合。孔定位还经常与平面定位联合使用。

(1)圆柱定位销。圆柱定位销结构如图 3-40 所示。图(a)、(b)、(c)是最简单的定位销,用于不需要经常更换的场合。图(d)是带衬套可换式定位销。定位销分为短销和长销。短销只能限制两个自由度,而长销除了限制两个移动自由度外,还可以限制两个转动自由度。

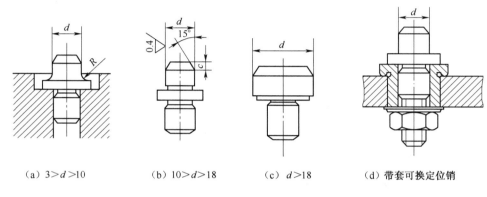

| (a) 3>*d*>10 | (b) 10>*d*>18 | (c) *d*>18 | (d) 带套可换定位销 |

图 3-40　圆柱定位销

(2)圆锥定位销。圆锥定位销采用圆锥销定位如图 3-41 所示,圆锥定位销与工件圆孔的接触线为一个圆,相当于三个止推定位支承,限制了工件的三个自由度($\vec{X}$、$\vec{Y}$、$\vec{Z}$),图 3-41(a)常用于粗基准,图 3-41(b)常用于精基准。工件以单个圆锥销定位时易倾斜,因此在定位时可成对使用,或与其他定位元件配合使用如图 3-42 所示,采用圆锥销组合定位均限制了工件的五个自由度。

| (a) | (b) |

图 3-41　圆锥定位销

图 3-42　圆锥销组合定位

（3）圆柱心轴。圆柱心轴定位有间隙配合和过盈配合两种,间隙配合拆卸方便,但定心精度不高;过盈配合定心精度高,可以不设夹紧装置,但装卸工件不方便。心轴主要用于套筒类和空心盘类工件的车、铣、磨及齿轮加工。图 3-43 所示为间隙配合圆柱心轴;图 3-44 所示为过盈配合圆柱心轴;图 3-45 所示为弹性圆柱心轴。

图 3-43　间隙配合圆柱心轴　　　　　图 3-44　过盈配合圆柱心轴

（4）小锥度心轴。小锥度心轴锥度为 1∶1 000~1∶5 000,制造容易,如图 3-46 所示。定心精度较高,但轴向无法定位,能承受的切削力小,装卸不方便。工件安装时轻轻敲入或压入,通过孔和心轴接触表面的弹性变形来夹紧工件。适用于工件定位孔精度不低于 IT7 的精车和磨削加工,一般情况下不能加工端面,但必须加工时,也可以在工件端部相对应的位置切削一小段退刀槽。

图 3-45　弹性圆柱心轴　　　　　　　图 3-46　小锥度心轴

3. 以外圆柱面定位

工件以外圆柱面定位有支承定位和定心定位两种。

（1）支承定位。支承定位最常见的是 V 形架定位,其最大优点是对中性好。即使作为定位基面的外圆直径存在一定的误差,仍可保证一批工件的定位基准轴线始终处在 V 形架的对称面上,并且安装方便,如图 3-47 所示。其中图 3-47（a）用于较短的精基准面的定位;图 3-47（b）用于较长的粗基准面的定位;图 3-47（c）用于工件两段精基准面相距较远的定位,如阶梯轴的圆柱面等;图 3-47（d）用于工件较长且定位基面直径较大且较短的精基准面的定位,V 形架不必做成整体,通常采用在铸铁底座上镶装淬火钢垫的结构。

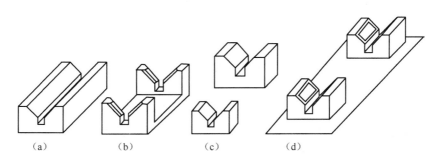

（a）　　　　　（b）　　　　　（c）　　　　　（d）

图 3-47　支承定位所用的 V 形架

（2）定心定位。定心定位由于外圆柱面具有对称性,可以很方便地采用自动定心夹具进行安装,如最常见的开缝定位套(见图3-48)、三爪自定心卡盘、弹簧夹头等。

图3-48　开缝定位套

4. 以组合表面定位

组合定位方式是工件以两个或两个以上的表面同时进行定位。组合定位的方式有多种,生产中最常见的是"一面两孔"定位。如箱体、杠杆、盖板等的加工。这种定位方式简单、可靠、夹紧方便,易于做到工艺过程中的基准统一,保证工件的相互位置精度。

工件采用一面两孔定位时,定位平面一般是用已加工过的精基面,两孔可以是工件结构上原有的,也可以是为定位需要专门设置的工艺孔。相应的定位元件是大支承板和两定位销。图3-49所示为采用一面两孔定位的示意图。两个短圆柱销限制了工件四个自由度,大支承板又限制了工件三个自由度。可见这时产生了过定位。为了消除过定位,将其中一个圆柱销做成削边销,削边销将不限制自由度。同时为保证削边销的强度,一般多采用菱形结构,故又称为菱形销。图3-50所示为常用削边销结构。安装削边销时,削边方向应垂直于两销的连心线。

图3-49　一面两孔组合定位图

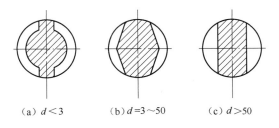

（a）$d < 3$　　　（b）$d = 3 \sim 50$　　　（c）$d > 50$

图3-50　常用削边销结构

其他组合定位方式,还有如齿轮加工中常用的以一孔及其端面的定位,有时也会采用V形导轨、燕尾导轨等组合成形表面作为定位基面。

拓展延伸

在机床上加工工件,必须在进行切削前将工件置于机床上或夹具中,使其相对于刀具或机床的切削运动具有正确的位置,即进行工件的定位,才能使工件加工后的各个表面的尺寸及位置精度符合零件图或工艺文件所规定的要求。

3.4.4 定位误差

定位误差是指工件在夹具上(或者机床上)定位不准而引起的加工误差,称为定位误差。由于零件被加工表面的设计基准在加工方向上的位置不定性而引起的一项工艺误差,即被测要素在加工方向上的最大变动量。造成定位误差的原因有:

(1)定位基准与工序基准不重合。

(2)定位基准的位移误差。

(3)减少定位误差的一般措施。

(4)采用加工面的设计基准作定位基准面。

提高夹具的制造、安装精度及刚度,特别是提高夹具的工件定位基准面的制造精度。

若加工面的设计基准与定位基准面不同,应提高加工面的设计基准与定位基准面间的位置测量精度。

3.5 数控加工工序的设计

3.5.1 加工余量的确定

1. 加工余量

加工余量是指机械加工过程中,将工件上待加工表面的多余金属通过机械加工的方法去除掉,获得设计要求的加工表面,工件表面预留的(需切除掉的)金属层的厚度称为加工余量。加工余量有工序余量和加工总余量之分。

(1)工序余量是指完成某道工序时所切除的金属层厚度,它等于相邻两工序的工序尺寸之差。工序余量分为单边余量和双边余量;一般非对称表面为单边余量,如图 3-51 所示;对称表面为双边余量,如回转面(外圆,如图 3-52 所示;内孔,如图 3-53 所示)。另外,还有某些对称平面,如键槽等。

图 3-51 平面单边余量

图 3-52 外圆双边余量

图 3-53 内孔双边余量

由于工序尺寸有误差,实际上同一批工件所切除的余量是变化的,因此工序余量有基本余量(又称为公称余量)、最大工序余量和最小工序余量之分。为了便于加工,工序尺寸的公差一般按"入体原则"标注,即被包容面(如轴径)的工序尺寸,取上偏差为0,如"轴";包容面(如孔径、槽宽)的工序尺寸,取下偏差为0,如"孔或槽"等;工序尺寸就是最小尺寸。

(2)加工总余量是指毛坯尺寸与零件图设计尺寸之差,又称为毛坯余量。加工总余量是各工序余量的总和。

$$Z_{\sum} = \sum_{i=1}^{n} Z_i \qquad\qquad (3\text{-}1)$$

式中　Z_i——第 i 道工序余量,mm;

　　　n——该表面总共加工的工序数。

2. 工序尺寸公差

由于在毛坯制造和各工序加工中都不可避免地存在误差,因而使实际的加工余量成为一个变量,如图 3-54 所示。对于外表面来说,公称余量 Z 是上工序和本工序基本尺寸(公称尺寸)之差。由手册中查出的加工余量,一般都是指公称余量。最小余量 Z_{min} 是上工序最小工序尺寸和本工序最大工序尺寸之差;最大余量 Z_{max} 是上工序最大工序尺寸和本工序最小工序尺寸之差。对于内表面正好相反。工序余量的变化范围等于上工序尺寸公差 Δa 与本工序尺寸公差 Δb 之和。工序尺寸的公差,一般规定按"入体原则"标注。对被包容表面,基本尺寸即是最大工序尺寸;而对包容表面,基本尺寸即是最小工序尺寸,毛坯尺寸公差一般采用双向标注。

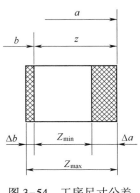

图 3-54　工序尺寸公差

3. 确定加工余量应该考虑的因素

为了切除前一道工序加工时留下的各种有误差的金属层,同时考虑本工序可能产生的安装误差而不致使工件报废,必须保证一定的最小工序余量。

(1)前道工序的表面粗糙度和表面缺陷层厚度,都是影响工件余量的因素。为了保证加工质量,本工序的加工余量应包括前道工序的表面粗糙度和表面缺陷层厚度。

(2)由于前道工序的形状和位置误差必须在本工序中加以纠正,因此,在本工序的加工余量中,应包括前道工序的形位公差。

(3)本工序的尺寸精度也是需要考虑的。前道工序的工序尺寸公差,本工序的加工余量,应包括前道工序的工序尺寸公差。粗加工余量应该稍微大一些,如果进行精加工,那么加工余量应该尽量小一些。

(4)如果加工表面本身为定位时,本工序的装夹误差可以不考虑。但若装夹安装时发生位置偏移,那么还需考虑装夹误差对加工余量的影响。

4. 确定加工余量的方法

加工余量的大小直接影响零件的加工质量和生产效率。加工余量过大,不仅增加机械加工的劳动量,降低生产效率,而且增加材料等成本。加工余量过小,不能保证消除前工序的各种误差及缺陷。因此应合理地确定加工余量。

(1)分析计算法。根据理论公式,试验时,对影响加工余量的各因素进行分析、计算来确定加工余量。这种方法较为合理，但需要全面可靠的试验材料，且计算也较复杂，因此一般只在大批量生产或贵重材料加工中采用。

（2）经验估计法。根据工艺人员本身积累的经验确定加工余量。该方法常用于单件、小批量生产。

（3）查表修正法。根据相关机械加工手册提供的加工余量数据，再结合实际加以修正后确定加工余量。

3.5.2 工序尺寸及公差

由于零件加工的需要，在工序图或工艺规程中要标注一些专供加工用的尺寸，这些尺寸称为工序尺寸。工序尺寸在加工与装配过程中，总是相互关联的，它们彼此有着一定的内在联系，往往一个尺寸的变化会引起其他尺寸的变化，或一个尺寸的获得须由其他一些尺寸来保证，因此工序尺寸及公差一般不能直接采用零件图上的尺寸，而需要另外处理或计算。

1. 基准重合时工序尺寸及公差的确定

当定位基准与设计基准（工序基准）重合时，可先根据零件的具体要求确定其加工工艺路线，再通过查表或相关工艺手册来确定各道工序的加工余量及公差。然后计算出各工序尺寸及公差。计算顺序是：先确定各工序余量的基本尺寸，再由后往前逐个工序推算，即从工件的设计尺寸开始，由最后一道工序向前工序推算直到毛坯尺寸。

例 3-1 如图 3-55 所示，材料 45 钢，试确定其工序尺寸与毛坯尺寸。

（1）确定加工工艺路线，根据表面粗糙度要求，查表 3-1 确定工艺路线为：粗车→半精车→粗磨→精磨。

（2）查表确定各工序余量及工序公差，通过《机械制造工艺手册》查得毛坯余量及各工序加工余量为毛坯 4.5 mm、精磨 0.10 mm、粗磨 0.30 mm、半精车 1.10 mm。

图 3-55 工序尺寸与毛坯尺寸确定

（3）计算粗车余量为（4.5-0.1-0.3-1.1）mm = 3.0 mm，查得各工序公差为毛坯 0.80 mm、精磨 0.013 mm、粗磨 0.021 mm、半精车 0.033 mm、粗车 0.52 mm。

（4）确定工序尺寸及上、下偏差。

①精磨工件尺寸为 $\phi 28_{-0.013}^{0}$ mm；

②粗磨工序尺寸 = 精磨工序尺寸+精磨余量，即 $\phi 28_{-0.021}^{0}$+0.1 = $\phi 28.1_{-0.021}^{0}$ mm；

③半精车工序尺寸 = 粗磨工序尺寸+粗磨余量，即 $\phi 28.1_{-0.033}^{0}$+0.3 = $\phi 28.4_{-0.033}^{0}$ mm；

④粗车工序尺寸 = 半精车工序尺寸+半精车余量，即 $\phi 28.4_{-0.033}^{0}$+1.1 = $\phi 29.5_{-0.033}^{0}$ mm；

⑤毛坯直径尺寸 =（工件基本尺寸+毛坯余量）±毛坯工序公差/2；

即 ϕ（28+4.5±0.4）mm = ϕ（32.5±0.4）mm。

2. 基准不重合时工序尺寸及公差的确定

当定位基准与设计基准（工序基准）不重合时，工序尺寸及公差的确定比较复杂，需用工艺尺寸链来分析计算工序尺寸与公差。

3.5.3　工艺尺寸链

在零件加工或装配过程中,相互联系且按一定顺序排列的封闭尺寸组合称为尺寸链。其中,由单个零件在加工过程中的各有关工艺尺寸所组成的尺寸链称为工艺尺寸链。

组成尺寸链的各个尺寸称为尺寸链的环。其中,在装配或加工过程最终被间接保证精度的尺寸称为封闭环,其余尺寸称为组成环。组成环可根据其对封闭环的影响性质分为增环和减环。若其他尺寸不变,那些由于本身增大而封闭环也增大的尺寸称为增环,而那些由于本身增大而封闭环减小的尺寸则称为减环。并用尺寸或符号标注在示意图上,如图 3-56(a)所示。图中尺寸 A_1、A_0 为设计尺寸,先加工 A 面与外圆,调头加工端面得到总长度尺寸 A_1 再车削加工 A_2,于是该零件在加工时并未直接予以保证的尺寸 A_0 就随之确定。这样相互联系的尺寸 A_1—A_2—A_0 就构成一个如图 3-56(b)所示的封闭尺寸组合,即工艺尺寸链,这里 A_0、A_1、A_2、A_3……都是"环"。其中,尺寸链中在装配过程或加工过程后自然形成的一环,称为封闭环。用下角标"0"表示,尺寸链中对封闭环有影响的全部环,称为组成环。组成环的下角标用数字 1、2、3、……表示。在尺寸链中某一类组成环增大(或减小)引起封闭随之增大(或减小)的组成环为增环,如图中的 A_1 即为增环。

（a）零件图　　　　　　　　（b）尺寸链简图

图 3-56　尺寸链标注方式

在尺寸链中其他组成环不变,该环增大(或减小)使封闭环随之减小(或增大)的组成环为减环,如图中的 A_2 即为减环。

 拓展延伸

增环、减环的箭头方向判别法:

先确定间接保证精度的尺寸为封闭环,在封闭环 A_0 上面按任意指向画一箭头,沿已定箭头方向在每个组成环符号 A_1、A_2、A_3、……上各画一箭头,使所画各箭头依次头尾相连,组成环中箭头与封闭环箭头方向相同者为减环,相反者为增环。按此方法可以判定:A_2 为减环,A_1 为增环。

尺寸链的主要特征有两点:

(1)封闭性:尺寸链中各尺寸首尾相接而排列成封闭状。

(2)关联性:尺寸链中任何一个直接获得的尺寸及变化,都将间接保证其他尺寸及其精度的变化。

3.5.4　工艺尺寸链计算

（1）封闭环的基本尺寸。封闭环的基本尺寸等于所有增环的基本尺寸之和减去所有减环的基本尺寸之和，即

$$A_0 = \sum_{i=1}^{m} A_i - \sum_{j=m+1}^{n-1} A_j \tag{3-2}$$

式中　A_0——封闭环的的尺寸；

A_i——增环的基本尺寸；

A_j——减环的基本尺寸；

m——增环的环数；

n——封闭环在内的尺寸链的总环数。

（2）封闭环的极限尺寸。封闭环的最大极限尺寸等于所有增环的最大极限尺寸之和减去所有减环的最小极限尺寸之和；封闭环的最小极限尺寸等于所有增环的最小极限尺寸之和减去所有减环的最大极限尺寸之和。故极值法也称为极大极小法，即

$$A_{0max} = \sum_{i=1}^{m} A_{imax} - \sum_{j=m+1}^{n-1} A_{jmin} \tag{3-3}$$

$$A_{0min} = \sum_{i=1}^{m} A_{imin} - \sum_{j=m+1}^{n-1} A_{jmax} \tag{3-4}$$

（3）封闭环的偏差。封闭环的上偏差等于所有增环的上偏差之和减去所有减环的下偏差之和；封闭环的下偏差等于所有增环的下偏差之和减去所有减环的上偏差之和，即

$$ES_{A0} = \sum_{i=1}^{m} ES_{Ai} - \sum_{j=m+1}^{n-1} EI_{Aj} \tag{3-5}$$

$$EI_{A0} = \sum_{i=1}^{m} EI_{Ai} - \sum_{j=m+1}^{n-1} ES_{Aj} \tag{3-6}$$

（4）封闭环的公差。封闭环的公差等于所有组成环公差之和（用于验证计算结果是否正确），即

$$T_{A0} = \sum_{i=1}^{m} T_{Ai} \tag{3-7}$$

3.5.5　工艺尺寸链的分析与计算

已知封闭环尺寸和部分组成环尺寸求某一组成环尺寸，这种方法广泛用于加工过程中基准不重合时计算工序尺寸。采用调整法加工零件时，若所选的定位基准与设计基准不重合，那么该加工表面的设计尺寸就不能由加工直接得到，这时就需要进行工艺尺寸的换算，以保证设计尺寸的精度要求，并将计算的工序尺寸标注在工序图上。

例 3-2　如图 3-57（a）所示零件图，画出尺寸链图，并计算轴向右侧开口尺寸。

解：由零件图图 3-57（a）可知轴向右侧开口尺寸为封闭环。画出尺寸链图图 3-57（b）判定各组成环的增减情况，尺寸 $90_{-0.15}^{0}$ 是增环、尺寸 $22_{-0.15}^{0}$、$45_{-0.25}^{0}$ 是减环。

（1）封闭环的基本尺寸等于所有增环的基本尺寸之和减去所有减环的基本尺寸之和，即

$A_0 = A_1 - A_2 - A_3 = 90 - 22 - 45 = 23(mm)$

（2）封闭环的极限尺寸。

（a）零件图　　　　（b）尺寸链简图

图 3-57　尺寸链计算

封闭环的最大极限尺寸等于所有增环的最大极限尺寸之和减去所有减环的最小极限尺寸之和，即

$$A_{0max} = 90 - (22 - 0.15) - (45 - 0.25) = 90 - 21.85 - 44.75 = 23.4 (mm)$$

封闭环的最小极限尺寸等于所有增环的最小极限尺寸之和减去所有减环的最大极限尺寸之和，即

$$A_{0min} = (90 - 0.15) - 45 - 22 = 22.85 (mm)$$

（3）封闭环的偏差。

封闭环的上偏差等于所有增环的上偏差之和减去所有减环的下偏差之和，即

$$ES_{A0} = 0 - (-0.15 - 0.25) = 0.4 (mm)$$

封闭环的下偏差等于所有增环的下偏差之和减去所有减环的上偏差之和，即

$$EI_{A0} = -0.15 - 0 - 0 = -0.15 (mm)$$

（4）验算封闭环的公差。封闭环的公差等于所有组成环公差之和，即

封闭环 $T_{A0} = 0.4 - (-0.15) = 0.55 (mm)$

组成环 $T_1 + T_2 + T_3 = 0.15 + 0.15 + 0.25 = 0.55 (mm)$，计算正确。

所以轴向右侧开口尺寸封闭环间的尺寸为 $23^{+0.4}_{-0.15}$ mm。

例 3-3　如图 3-58（a）所示为轴套零件，其中，在数控车床上已经将外圆、内孔及两端面加工完毕，现铣加工右侧台阶面，应保证 $17^{+0.26}_{0}$ mm，加工时以左侧端面为定位基准。尺寸链图如图 3-58（b）所示，试求刀具调整尺寸 X。

解：由零件图图 3-58（a）可知尺寸 $17^{+0.26}_{0}$ 为间接得到尺寸即封闭环。

由图 3-58（b）判定各组成环的增减情况，尺寸 $A_1 = X$，$A_2 = 30^{0}_{-0.1}$ 是增环，$A_3 = 79^{0}_{-0.1}$ 是减环。

（1）封闭环的基本尺寸。

封闭环的基本尺寸等于所有增环的基本尺寸之和减去所有减环的基本尺寸之和。

根据公式有：$A_0 = A_1 + A_2 - A_3$ 即 $A_1 = 17 + 79 - 30 = 66 (mm)$。

（2）封闭环的极限尺寸。

封闭环的最大极限尺寸等于所有增环的最大极限尺寸之和减去所有减环的最小极限尺寸之和，即

$17 + 0.26 = X + 30 - (79 - 0.1)$，所以 $X = 66.16$ mm

图 3-58　尺寸链计算

封闭环的最小极限尺寸等于所有增环的最小极限尺寸之和减去所有减环的最大极限尺寸之和,即

$17 = X + 29.9 - 79$,所以 $X = 66.1$ mm

（3）封闭环的偏差。

封闭环的上偏差等于所有增环的上偏差之和减去所有减环的下偏差之和,即

$0.26 = ES_1 + 0 - (-0.1)$,$ES_1 = 0.16$(mm)

封闭环的下偏差等于所有增环的下偏差之和减去所有减环的上偏差之和,即

$0 = EI_1 - 0.1 - 0$,$EI_1 = 0.1$(mm)

（4）验算封闭环的公差。封闭环的公差等于所有组成环公差之和,即

封闭环 $T_{A0} = 0.16 - 0.1 = 0.06$(mm)

组成环 $T_1 + T_2 + T_3 = (0.16 + 0.1) + (0 - 0.1) + (0 - 0.1) = 0.06$(mm),计算正确。

答:当以左端面定位时,刀具调整尺寸 $X = 66^{+0.16}_{+0.1}$ mm。

例 3-4　如图 3-59(a)所示为渗碳轴套零件,零件渗碳或渗氮以后,表面一般需要经过磨削来保证尺寸精度,同时要求磨削后留有规定的渗层深度。这就要求进行渗碳或渗氮热处理时,保证应有的渗碳或渗氮层深度尺寸,一定要按渗层深度及公差进行计算。

其加工过程为:车削外圆至 $\phi54^{0}_{-0.04}$ mm 渗碳淬火后磨外圆至 $\phi54^{0}_{-0.02}$ mm,试计算保证磨削后渗碳层深度 0.7~1.0 mm 时,尺寸链简图,如图 3-59(b)所示试求热处理时渗碳工序的渗碳深度应控制的范围(单边量)。

图 3-59　尺寸链计算

解: 由题意可知,磨削后保证渗碳层深度 $0.7^{+0.3}_{0}$ mm(A_0)间接得到的尺寸,即为封闭环。由图 3-59(c)可知,其中热处理时渗碳层的深度 X(A_1)、$27^{0}_{-0.01}$ mm(A_2)为增环,$27.3^{0}_{-0.02}$ mm(A_3)为减环。

(1)封闭环的基本尺寸封闭环的基本尺寸等于所有增环的基本尺寸之和减去所有减环的基本尺寸之和。

根据公式有:$A_0 = A_1 + A_2 - A_3$

即 $A_1 = A_0 + A_3 - A_2 = 0.7 + 27.3 - 27 = 1$(mm)

(2)封闭环的极限尺寸封闭环的最大极限尺寸等于所有增环的最大极限尺寸之和减去所有减环的最小极限尺寸之和,即

$1 = X + 27 - 27.28$,所以 $X = 1.28$(mm)

封闭环的最小极限尺寸等于所有增环的最小极限尺寸之和减去所有减环的最大极限尺寸之和,即

$0.7 = X + 26.99 - 27.3$,所以 $X = 1.01$ mm

(3)封闭环的偏差封闭环的上偏差等于所有增环的上偏差之和减去所有减环的下偏差之和,即

$0.3 = ES_1 + 0 - (-0.02)$,$ES_1 = 0.28$ mm

封闭环的下偏差等于所有增环的下偏差之和减去所有减环的上偏差之和,即

$0 = EI_1 + (-0.01) - 0$,$EI_1 = 0.01$ mm

因此,$X = 1^{+0.28}_{+0.01}$ mm,即热处理时渗碳工序的渗碳深度应控制在 1.28~1.01 mm 范围。

相关链接

测量基准与设计基准不重合如何处理在工件加工过程中,有时会遇到一些表面加工之后,按设计尺寸不便直接测量的情况,因此,需要在零件上另选一容易测量的表面作为测量基准进行测量,以间接保证设计尺寸的要求。这时也可以进行工艺尺寸链换算。

3.6 数控加工工艺文件

数控加工工艺文件是数控加工与数控加工工艺内容的具体体现,是指令性文件,它受控于程序指令,是用来记录加工工艺内容,它与普通加工工序卡不同的是,除了零件的工艺过程以外,主要还包括:切削参数、走刀路线、刀具尺寸、机床运动、装夹方式、编程原点、对刀点等相关参数,还要注明编程说明等相关信息。它是操作人员进行数控加工的主要指导性的技术文件,并以表格(卡片)形式记录下来。

3.6.1 数控加工工艺文件的编制

将数控加工工艺内容填入一定格式的卡片中,就是生产准备和施工所依据的工艺文件。常见的工艺文件包括以下几种。(以凸轮加工为例)

1. 数控加工程序编制任务书

此类卡片实际是工艺人员在编制数控加工程序时,所使用的技术要求、工序说明和数控加工前应保证的加工余量,是编程人员与工艺人员协调工作和编制数控程序的重要依据。常见数控编程

任务书见表3-4。

主要工序说明及技术要求：

（1）精铣上表面要求。

（2）精铣四周,详见本产品数控加工工序卡片要求。

表3-4　数控编程任务书

科室		产品零件图号	DMK 0203	任务书编号	
工艺料	数控编程任务书	零件名称	凸轮	12	
		使用数控设备	DMG 63 V	共 3 页　第 1 页	

编程收到日期							
编制		审核		编程		审核	批准

2. 数控加工工艺过程卡片

此类卡片主要列出了整个零件加工所经过的工艺路线（包括毛坯、机械加工和热处理等），它是制订其他工艺文件的基础,也是生产技术准备、编制作业计划和组织生产的依据。由于它对各个工序的说明不够具体,故适用于生产管理,常见数控加工工序卡片见表3-5。

表3-5　数控加工工序卡片

数控加工工序卡片		产品型号		零件图号		合同号	共　页
		产品名称	凸轮	零件名称	凸轮		第　页
材料牌号	45钢	处理状态	调质HB190~250	毛坯外形		每坯件数	10	备注	

夹具名称及编号		辅具名称及编号		设备名称及型号		切削液	

工步号	工步内容	刀具号	主轴转速/（r/min）	切削速度/（m/min）	进给量/（mm/min）	切削深度/mm
1	φ40 盘刀粗精铣上表面	T10001	1200	40	1.5~2	
2	φ16 立铣刀粗铣周边	T12002	900	75	1.2~1.5	
3	φ14 立铣刀精铣周边	T12003	1400	40	0.2~0.5	

标记	处数	通知单编号	签字	日期	设计	审核	会签	批准日期

3. 数控加工工艺卡片

此类卡片是编制加工程序的主要依据和操作人员配合数控程序进行数控加工的主要指导性工艺文件。当工序内容不十分复杂时,可把工序图画在工序卡片上,常见数控加工工艺卡片见表3-6。

表3-6 数控加工工艺卡片

数控加工工艺卡片		产品型号		零件图号		合同号		共 页
单位		产品名称		零件名称				第 页
机床型号	机床名称	夹具编号		夹具名称		切削液		
工序号	工序名称			程序编号				
工序号	作业内容			刀具号	刀具规格	主轴转速/ (r/min)	进给速度/ (mm/min)	背吃刀量/ mm
	凸轮加工简单卡片(略)							
标记	处数	通知单编号	签字	日期	设计	审核	会签	批准日期

4. 数控加工刀具卡片

此类卡片是组装刀具和调整刀具的依据。它主要包括刀具号、刀具名称、刀柄型号、刀具的直径和长度等内容,常见数控加工刀具卡片见表3-7。

表3-7 数控加工刀具卡片

数控加工刀具卡片		产品型号		零件图号		合同号		共 页
单位		产品名称		零件名称				第 页
机床型号		机床名称		调刀设备型号		调刀工		
程序编号		工序号		工序名称		磨刀工		
序号	刀具号 (H)			刀具规格、名称及标准号	刀柄型号			
标记	处数	通知单编号	签字	日期	设计	审核	会签	批准日期

5. 数控加工零件装夹简图

此类简图是对于零件在机床上加工装夹的工艺简图,常见数控加工零件装夹简图见表3-8。

表3-8　数控加工零件装夹简图

数控加工零件装夹简图		产品型号		零件图号	NC01	合同号	共 3 页
单位	×××机械厂	产品名称	凸轮	零件名称	凸轮	00021	第 2 页
机床型号	DMG63V	机床名称	加工中心	夹具编号	23	夹具名称	三爪自定心卡盘	程序编号	SX2003

2	凸轮工件
1	三爪自定心卡盘

标记	处数	通知单编号	签字	日期	设计	审核	会签	批准日期

6. 数控机床调整卡片

此类卡片是机床操作人员加工前调整机床和安装工件的依据,常见数控机床调整卡片见表3-9。

表3-9　数控机床调整卡片

数控机床调整卡片		产品型号		零件图号	NC01	合同号	共 3 页
单位	×××机械厂	产品名称	凸轮	零件名称	凸轮	00021	第 2 页
机床型号	DMG63V	机床名称	加工中心	夹具编号	23	夹具名称	三爪自定心卡盘	程序编号	SX2003
工装调整								
工件原点位置说明	工件原点设置于凸轮主盘中心点							
所用标准程序								
特殊补偿								
程序选用参数								
其他								
标记	处数	通知单编号	签字	日期	设计	审核	会签	批准日期

7. 数控加工刀具运动轨迹图

此类卡片是编制合理加工程序的条件,为了防止在数控加工过程中刀具与工件、夹具等发生碰撞,在工艺文件里难以说清,因此用刀具运动轨迹路线来说明,常见数控加工刀具运动轨迹图见表3-10。

表3-10　数控加工刀具运动轨迹图

数控加工刀具运动轨迹图			产品型号		零件图号	NC02	合同号	共2页
单位	×××机械厂	产品名称	凸轮	零件名称	凸轮			第1页
程序编号	SX2003	轨迹起始句	N10	轨迹起始句	N23			
刀具号	T12002、T12003			作业内容	铣轮廓周边(1点进刀~9点退刀)			

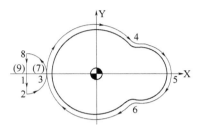

标记	处数	通知单编号	签字	日期	设计	审核	会签	批准日期

8. 数控加工程序单

此类卡片是编程人员根据工艺分析、数值计算,按照机床系统特点的指令代码编制而成。它是记录数控加工工艺过程、工艺参数、位移数据清单,以及手动数据输入,实现数控加工的主要依据,常见的数控加工程序单见表3-11。

表3-11　数控加工程序单

数控加工程序单			产品型号		零件图号		合同号	共页
单位			产品名称		零件名称			第页
机床型号		设备名称		夹具编号		夹具名称	切削液	
工序号		工序名称						
程序编号			存盘路径及名称					
语句编号		语　句　内　容				备　　注		
		(略)						
标记	处数	通知单编号	签字	日期	设计	审核	会签	批准日期

3.6.2 数控加工专用技术文件的编制要求

编写数控加工专用技术文件与编写工艺规程一样,具体要求如下:

(1)字迹工整,文字表达清晰、简练。

(2)加工图清晰,尺寸标注准确。

(3)应用文字说明的问题要全部描述清楚、正确。

(4)文图相符,不能自相矛盾。

(5)程序需要更改时,相应文字要同时更改,需要办理更改手续的要及时办理。

(6)准备长期使用的程序和文字要统一编号,办理存档手续,建立阅读、更改、复制等管理制度。

小 结

一、数控加工工艺

数控加工工艺是指在数控机床上进行自动加工零件时运用各种方法及技术手段的综合体现,它应用于整个数控加工工艺过程。

二、数控加工工件的定位与基准

1. 工件的定位

使工件在机床上或夹具中占有正确位置的过程称为定位。

2. 六点定位原理

采用布置恰当的六个支承点来消除工件的六个自由度,使工件在夹具中的位置完全确定下来,称为六点定位原理。

3. 工件定位比较

定位方式	完全定位	工件的六个自由度全部被限制的定位
	不完全定位	根据某种定位方式,没有全部消除工件的六个自由度,而能满足加工要求的定位
	欠定位	根据工件的加工要求,应该限制的自由度没有完全被限制的定位
	过定位(重复定位)	夹具上两个或两个以上的定位元件,重复限制工件的同一个或几个自由度的定位

4. 工件定位方式

工件在夹具中定位,是通过把定位支承点转化为具有一定结构的定位元件,再与工件相应的定位基准面相接触或配合而实现的。可分为以下四种定位方式:

以平面定位	常用定位元件有固定支承、可调支承、自位支承、辅助支承
以内圆柱孔定位	常用定位元件有圆柱定位销、圆锥定位销、圆柱心轴、小锥度心轴
以外圆柱面定位	常用支承定位和定心定位,如V形架定位、自动定心夹具定位
组合表面定位	最常见的是"一面两孔"定位

5. 基准

基准是零件上用来确定其他点、线、面位置所依据的那些点、线、面。其分类如下:

基准	设计基准是零件图上所采用的基准,它是标注设计尺寸的起点		
	工艺基准是指在加工过程中所使用的基准	定位基准	在加工中用作定位的基准
		工序基准	在工序图上,用来标定工序被加工面尺寸和位置所采用的基准
		测量基准	零件测量时所采用的基准
		装配基准	装配时用以确定零件在机器中位置的基准

三、加工余量

加工余量是指机械加工过程中,将工件上待加工表面的多余金属通过机械加工的方法去除掉,获得设计要求的加工表面,工件表面预留的(需切除掉的)金属层的厚度称为加工余量。加工余量有工序余量和加工总余量之分。

四、工艺尺寸链

1. 工序尺寸

在工序图或工艺规程中要标注一些专供加工用的尺寸,这些尺寸称为工序尺寸。它在的加工与装配过程中,总是相互关联的,它们彼此有着一定的内在联系,往往一个尺寸的变化会引起其他尺寸的变化,或一个尺寸的获得须由其他一些尺寸来保证,因此工序尺寸一般不能直接采用零件图上的尺寸,而由尺寸链的相关计算得到。

2. 尺寸链

在零件加工或装配过程中,相互联系且按一定顺序排列的封闭尺寸组合称为尺寸链。包括组成环和封闭环,即在尺寸链中,能人为地控制或直接获得的尺寸称为组成环;在尺寸链中被间接控制的尺寸,也就是当其他尺寸出现以后自然形成的尺寸称为封闭环。

组成环可根据其组成环对封闭环的影响而分为增环和减环。

3. 尺寸链简图

是尺寸链中各相应的环,用尺寸或符号标注在示意图上的图形。

五、数控加工工艺文件

数控加工工艺文件主要包括:数控加工程序编制任务书、数控加工工艺过程卡片、数控加工工艺卡片、数控加工刀具卡片、数控加工零件装夹简图、数控机床调整卡片、数控加工刀具运动轨迹图、数控加工程序单等。

复 习 题

一、名词解释

基准、工序、数控加工、数控加工工艺、六点定位原理、定位误差、加工余量、工序尺寸、尺寸链。

二、填空题

1. 设计基准是在_____所采用的基准。

2. 工艺基准是在_____所使用的基准,可分为_____基准、_____基准、_____基准和_____基准。

3. 工件上用于定位的表面,是确定工件_____的依据,称为_____。

4. 基准分为_____和_____。

5. 由于数控加工采用了计算机控制系统和数控机床,使得数控加工具有加工_____高、_____高、_____高、_____高、_____稳定、周期短等特点。

6. 规定零件制造_____和_____等的工艺文件,称为工艺规程。

7. 尺寸链的两个特征是_____和_____。

8. 用圆柱销定位时,必须有少量_____。

9. 采用布置恰当的六个支承点来消除工件六个自由度的方法,称为_____。

10. 工件的实际定位点数,如果不能满足加工要求,少于应有的定位点数,称为_____定位。这在加工过中是不允许的。

三、选择题

1. 工件在两顶尖间装夹时,可限制(　　)个自由度。

　　A. 三　　　　　　　B. 四　　　　　　　C. 五　　　　　　　D. 六

2. 工件在小锥体心轴上定位,可限制(　　)个自由度。

　　A. 四　　　　　　　B. 五　　　　　　　C. 六　　　　　　　D. 三

3. 工件定位时,被消除的自由度少于六个,且不能满足加工要求的定位称为(　　)。

　　A. 欠定位　　　　　B. 过定位　　　　　C. 完全定位　　　　D. 不完全定位

4. 重复限制自由度的定位现象称之为(　　)。

　　A. 完全定位　　　　B. 过定位　　　　　C. 不完全定位　　　D. 欠定位

5. 工件定位时,仅限制四个或五个自由度,没有限制全部自由度的定位方式称为(　　)。

　　A. 完全定位　　　　B. 欠定位　　　　　C. 不完全定位　　　D. 重复定位

6. 工件定位时,下列哪一种定位是不允许存在的(　　)。

　　A. 完全定位　　　　B. 欠定位　　　　　C. 不完全定位　　　D. 过定位

7. 加工精度高、(　　)、自动化程度高、劳动强度低、生产效率高等,是数控机床加工的特点。

　　A. 加工轮廓简单、生产批量又特别大的零件

　　B. 对加工对象的适应性强

　　C. 装夹困难或必须依靠人工找正、定位才能保证其加工精度的单件零件

　　D. 适于加工余量特别大、材质及余量都不均匀的坯件

8. 下列(　　)不适应在数控机床上生产的零件。

　　A. 频繁改型的零件　　　　　　　　　　　B. 多工位和多工序可集中的零件

　　C. 难测量的零件　　　　　　　　　　　　D. 装夹困难的零件

9. 数控机床与普通机床比较,错误的说法是(　　)。

　　A. 能加工特别复杂的零件　　　　　　　　B. 数控机床比普通机床的加工效率更高

　　C. 数控机床适应加工对新产品换代改型零件　D. 普通机床加工精度较低

10. 加工(　　)零件,宜采用数控机床加工。

　　A. 大批量　　　　　B. 多品种中小批量　　C. 单件　　　　　　D. 简单

四、判断题

1. 具有独立的定位作用且能限制工件的自由度的支承称为辅助支承。　　　　　　(　　)

2. 因为毛坯表面的重复定位精度差,所以粗基准一般只能使用一次。　　　　　　(　　)

3. 同一工件,无论用数控机床加工,还是用普通机床加工,其工序都一样。 （ ）

4. 划分工序的主要依据是工作地点是否变动和工作是否连续。 （ ）

5. 由于数控加工自适应性较好,因此在编写工艺时不必求全。 （ ）

6. 工序尺寸一般不能直接采用零件图上的尺寸,而需要另外处理或计算得到。 （ ）

7. 只有当工件的六个自由度全部被限制,才能保证加工精度。 （ ）

8. 定位点多于应限制的自由度数,说明实际上有些定位点重复限制了同一个自由度,这样的定位称为重复定位。 （ ）

五、简答题

1. 数控加工工艺分析的目的是什么? 包括哪些内容?

2. 什么叫重复定位? 什么叫部分定位?

3. 在数控机床上采用"工序集中"原则组织加工有何优点?

4. 数控加工工艺的主要内容有哪些?

5. 工件以外圆柱面定位时常采用的定位元件及其特点是什么?

6. 工艺设计的好坏对数控加工有哪些影响?

7. 什么是封闭环、增环、减环?

六、计算题

1. 如图 3-60 所示为轴套零件,在车床上已经加工好外圆、内孔、各面,现需在右端面上铣出缺口,并保证尺寸 $13_{-0.06}^{0}$ mm、(28 ± 0.1) mm,试计算在调刀时的度量尺寸 H、A 及其上、下偏差。

2. 如图 3-61 所示为轴套零件,外圆、内孔已经加工好、现在需要在铣床上铣出右缺口,并保证尺寸 $5_{-0.06}^{0}$ mm、$24_{0}^{+0.05}$ mm,试计算在调刀时的度量尺寸 H、A 及其上、下偏差。

图 3-60 尺寸链计算

图 3-61 尺寸链计算

第2篇 数控车削加工工艺基础

第4章
数控车削加工概述

学习目标
➤ 了解数控车床的分类、基本结构及特点。
➤ 掌握数控车床适合加工零件的种类,加工的对象和常用数控车床夹具的结构。
➤ 正确认识常见数控车削可转位刀具的种类以及对刀片、刀杆的选择。

数控车床是在普通车床的基础上发展起来的,除了具有普通机床的性能特点外,还具有加工精度高、效率高、加工质量稳定等优点,是目前使用最广泛的机床之一。通过数控加工程序的运行,除了可自动完成对轴类、盘类等回转体零件的切削加工外,还可以车槽、钻孔、扩孔、铰孔、攻螺纹及对复杂外形轮廓回转面等工序的切削加工。

4.1 数控车床的基本知识

4.1.1 数控车床的分类

1. 按主轴位置分类

(1)卧式数控车床。卧式数控车床是指主轴轴线平行于水平面的数控车床,如图4-1所示,按导轨布局形式可分为水平导轨卧式数控车床和倾斜导轨卧式数控车床。

(2)立式数控车床。立式数控车床是指主轴轴线垂直于水平面的数控车床,如图4-2所示,立式数控车床有一个直径很大的圆形工作台,供装夹工件使用。这类数控车床主要用于加工径向尺寸较大、轴向尺寸较小的大型复杂零件。

图 4-1 卧式数控车床

图 4-2 立式数控车床

2. 按可控轴数量分类

(1)两轴控制数控车床。一般常见的数控机床上只有一个回转刀架,也称单刀架数控机床,这类机床可以实现两坐标轴控制,这类数控车床一般为卧式结构。

(2)四轴控制数控车床。机床上有两个独立回转刀架,也称双刀架数控车床可以实现四坐标轴控制。它可分为平行交错双刀架(两刀架轴线平行)如图 4-3(a)所示,垂直交错双刀架(两刀架轴线垂直)如图 4-3(b)所示。此类数控车床一般为卧式结构,加工时两个刀架可同时加工零件,提高加工效率,在加工细长轴时还可以减少零件的变形。

(a)平行交错双刀架

(b)垂直交错双刀架

图 4-3 双刀架数控车床

3. 按控制功能分类

(1)经济型数控车床。经济型数控车床属于低、中档数控车床,多采用步进电动机驱动的开环伺服系统控制,一般以普通卧式车床机械结构为基础,经过数控化改造而成,加工精度较差。

(2)全功能型数控车床全功能型数控车床,如图 4-4 所示,此类机床属于高档数控车床,多采用直流调速或交流主轴控制单元驱动的伺服电动机,进行半闭环或全闭环伺服系统控制,可进行多个坐标轴的控制,具有高刚度、高精度、高效率等特点及自动除屑等功能。

(3)数控车削加工中心。如图 4-5 所示,此类机床属于复合加工机床,即配备刀库、自动换刀装置、分度装置、铣削动力装置等部件。除具有一般两轴联动数控车床的各种车削功能外,由于增加了连续精确分度的 C 轴功能和能使刀具旋转的动力头。可控制 X、Z 轴和 C 轴,其联动轴数为 $(X、Z)$、$(X、C)$ 和 $(Z、C)$ 使其加工功能大大增强。因此,不仅可以加工外轮廓,还可进行端面和圆周任意部位的钻削、攻螺纹、平面及曲面的铣削等加工。

图 4-4　全功能型卧式数控车床

图 4-5　数控车削加工中心

 拓展延伸

　　FMC 车床:FMC 车床实际上是一个由数控车床、机器人等构成的一个柔性制造单元。它除了具备车削中心的功能外,还能实现工件的搬运、装卸的自动化和加工调整准备的自动化操作,是今后制造技术发展的趋势。

4.1.2　数控车床的基本结构

1. 数控车床床身布局形式

　　数控车床的主轴、尾座等部件的布局形式与普通卧式车床基本一致,但刀架和床身导轨的布局形式与普通卧式车床相比却发生了根本性的变化。它不仅影响机床的结构和外观,还直接影响数控车床的使用性能,如刀具和工件的装夹、切屑的清理以及相对位置等,其床身有四种布局形式。

　　(1)水平床身。水平床身的工艺性好,便于导轨面的加工,如图 4-6 所示。水平床身配上水平放置的刀架可提高刀架的运动精度。但水平刀架增加了机床宽度方面的结构尺寸,并且床身下部排屑空间小,排屑困难。

　　(2)斜床身。斜床身的导轨倾斜角度有 30°、45°、75°,如图 4-7 所示。它和水平床身斜刀架滑板都因具有排屑容易,操作方便,机床占地面积小,外观美观等优点。因而被中小型数控车床普遍采用。

　　(3)水平床身斜刀架。水平床身配上倾斜放置的刀架滑板,如图 4-8 所示。这种布局形式的床身工艺性好,机床宽度方向的尺寸也较水平配置滑板的要小且排屑方便。

　　(4)立床身。其床身平面与水平面呈垂直状态,刀架位于工件上侧。从排屑的角度考虑,立式床身最好,切屑可以自由落下,不易损伤轨道面,导轨的维护与防护也较简单,但机床的精度差,故运用较少。

2. 数控车床刀架系统

　　按刀架位置形式分为前置刀架和后置刀架,一般斜床身为后置刀架,平床身为前置刀架。按刀架形式又可以分为回转刀架、排式刀架、双刀架、铣削动力头等。

图 4-6　水平床身

图 4-7　斜床身

图 4-8　水平床身斜刀架

（1）回转刀架。回转刀架可分为四工位转动式刀架如图 4-9 所示，多工位转回转刀架如图 4-10 所示，刀具沿着圆周方向安装在刀架上，其中四工位转动式刀架可以安装径向、轴向车刀，多工位转塔式刀架可以安装轴向车刀。

（2）排式刀架。排式刀架用于小规模数控机床上以加工棒料或盘类零件为主，如图 4-11 所示。

图 4-9　四工位转动式刀架

图 4-10　多工位回转刀架

图 4-11　排式刀架

（3）双刀架。双刀架车床的数控系统有两个通道，每个刀架能在各自的通道里独立工作，相当于两个机床共用同一个操作面板。对于程序来说，可在两个通道里同时运行，也可以单独运行其中的一个通道，双刀架如图 4-12 所示，主要用于外形复杂的零件的加工。

（4）铣削动力头。铣削动力头主要用于数控车铣复合中心机床上，使机床具有动力铣削功能，可以扩展机床的加工能力，铣削动力头如图 4-13 所示。

图 4-12　双刀架

图 4-13　铣削动力头

4.1.3 数控车床的特点

（1）床身高刚度化。数控车床的床身、立柱等均采用静刚度、动刚度、热刚度等较好的支承构件。

（2）传动结构简化。数控车床主轴转速由主轴伺服驱动系统直接控制与调节，取代了传统卧式车床的多级齿轮传动系统，简化了机械传动结构。

（3）主轴转速高速化。由于数控系统均采用变频调速主轴电动机，没有中间齿轮传动环节，因此其速度调节范围大，转速高。

（4）传动元件精度高。数控车床采用效率、刚度和精度等各方面都相对较高的传动元件，如滚珠丝杠螺母副、静压蜗轮蜗杆副及静压导轨等。

（5）主传动与进给传动分离。由于数控系统协调 X、Z 轴伺服电动机两轴联动，取代了传统机床的主传动联动。

（6）操作自动化。数控系统采用工件的自动夹紧装置、自动换刀装置、自动排屑装置、自动润滑装置、双刀架装置，全方位实现了操作上的自动化，使操作者的劳动趋于智能型。

（7）全封闭防护。数控设备均采用全封闭结构，封闭式加工，既清洁、安全，又美观，使劳动条件得到了改善。

（8）对操作维修人员的技术水平要求高。正确的维护和有效的维修是提高数控车床效率的基本保证。数控车床的维修人员应有较高的、较全面的数控理论知识和维修技术。维修人员应有比较宽的机、电、液专业知识，才能综合分析、判断故障根源，缩短因故障停机时间，实现高效维修。

4.1.4 数控车床主要加工对象

（1）要求表面精度高的回转体零件。由于数控车床的刚性好，制造和对刀精度高，以及能方便、精确地进行人工补偿及自动补偿，所以它能够加工尺寸精度要求高的零件。此外，由于数控车削时刀具运动是通过高精度插补运算和伺服驱动来实现的，再加上机床的刚性好和制造精度高，所以它能加工对母线直线度、圆度、圆柱度要求高的零件。尤其对圆弧以及其他曲线轮廓形状的零件。另外，数控车削对提高位置精度特别有效，在数控车床上加工零件如果发现位置精度较低，可以通过修改程序的方法来校正，以提高零件的位置精度。

（2）要求表面粗糙度值小的回转体零件。由于数控机床的刚性和制造精度高，再加上数控车床具有恒线速度切削功能，因此，能加工出表面粗糙度小的零件，在材质、精车留量和刀具已定的情况下，表面粗糙度取决于进给速度和切削速度。在传统普通车床上车削端面时，由于转速在切削过程中恒定，这样在端面内的粗糙度值是不一致的。而使用数控车床可以选用最佳线速度来切削端面，这样切出的粗糙度既均匀又一致。数控车床还适合于车削各部位表面粗糙度要求不同的零件。粗糙度小的部位可以通过减小走刀量的方法来实现。

（3）要求表面形状特别复杂的回转体零件。由于数控车床既具有直线和圆弧插补功能，部分车床数控装置还有某些非圆曲线插补功能，如椭圆、抛物线、双曲线等。因此，可以车削由任意直线与曲线、曲线与曲线等外形复杂的回转体及具有复杂封闭内成型面的零件，复杂外形轴类零件如图4-14所示。

对于由非圆曲线组成的轮廓，可用非圆曲线插补功能；若所选系统没有曲线插补功能，则也可以利用宏程序编程来实现对零件的加工。

（4）要求带有横向加工的回转体零件。由于数控车削加工中心能够实现车、铣两种模式的加工，因此，带有键槽、径向孔或端面分布的孔系及有曲面的盘套或轴类零件，可以选数控车削加工中心来完成对零件的加工，如图4-15所示。

（5）要求带有特殊螺纹的回转体零件。由于数控车床不但能车削等导程的直、锥和端面螺纹，也能车削变导程的螺纹零件，而且车削螺纹的效率很高，这是普通车床所不能完成的。另外数控车床采用的是机夹硬质合金螺纹车刀，以及采用较高的转速，所以车削出来的螺纹不仅精度高而且表面粗糙度值小，变导程螺纹零件如图4-16所示。

（6）超精密、超低表面粗糙度的零件。超精加工的轮廓精度可达 0.1 μm，表面的粗糙度可达 0.02 μm；超精加工所用数控系统的最小设定单位应达到 0.01 μm。超精车削零件的材质以前主要是金属，现已扩大到塑料和陶瓷。这些都适合于在高精度、高功能的数控车床加工。

图 4-14　复杂外形轴类零件　　　图 4-15　横向加工轴类零件　　　图 4-16　变导程螺纹零件

4.2　数控车削常用夹具

在机械加工中按工艺规程要求，用来迅速定位装夹工件，使其占有正确的位置，并能可靠夹紧的工艺装备，称为夹具。在数控车床上大多数情况是使用工件或毛坯的外圆定位，外圆定位夹具是车削加工中最常用的夹具之一。

4.2.1　数控车床常用夹具

车床主要用于对回转体零件的各表面进行加工，根据这个特点在数控车床上常见的夹具有：

1. 卡盘夹具

（1）三爪自定心卡盘。三爪自定心卡盘是常用车床通用卡具如图4-17所示，优点是可以自动定心，夹持范围大，装夹速度快，但定心精度存在误差，不适于同轴度要求高的工件的二次装夹。

（2）液压动力自动夹紧卡盘。液压动力自动夹紧卡盘动作灵敏、装夹迅速、方便，能实现较大压紧力，能提高生产率和减轻劳动强度，如图4-18所示。但夹持范围变化小，尺寸变化大时需重新调整卡爪位置。自动化程度高的数控车床经常使用液压自定心卡盘，尤其适用于批量加工。

（3）四爪单动卡盘如图4-19所示。四个卡爪能各自独立运动，装夹时必须找正，即将加工部分旋转中心与主轴同心才能加工，由于该夹具对正零件时间长。因此，在数控车床上很少使用，一般用于定位、夹紧不同心或结构对称的零件表面。

（4）高速动力卡盘。为了提高数控车床的生产效率，对其主轴提出了高要求，以实现高速，甚至超高速切削。必须采用高速动力卡盘才能保证安全可靠地进行加工，如图4-20所示。

图4-17　三爪自动定心卡盘　　图4-18　液压动力卡盘　　图4-19　四爪单动卡盘　　图4-20　高速动力卡盘

2. 轴类零件中心孔定心装夹

（1）中心孔。中心孔是轴类零件的常用定位基准，工件装在主轴顶尖和尾座顶尖之间，但车床两顶尖轴线如果不重合（前后方向），车削的工件将成为圆锥体。因此，必须横向调节车床的尾座，使两顶尖轴线重合。

（2）死顶尖如图4-21所示。死顶尖与工件回转中心孔发生摩擦，在接触面上要加润滑脂润滑，以防摩擦过热烧蚀。死顶尖定心准确，刚性好，适合于低速切削和工件精度要求较高的场合。

（3）活顶尖如图4-22所示。加工时活顶尖随工件一起转动，与工件中心孔无摩擦，适合于高速切削。由于活顶尖克服了固定顶尖的缺点，因此也得到了广泛应用。但活动顶尖存在一定的装配积累误差，而且当滚动轴承磨损后，会使顶尖产生跳动，这些都会降低加工精度。

（3）拨齿顶尖如图4-23所示。拨齿顶尖的壳体可通过标准变径套或直接与车床主轴孔联结，壳体内装有用于坯件定心的顶尖，拨齿套通过螺钉与壳体联结，止退环可防止螺钉的松动。数控车床通常采用此夹具加工直径为10~660 mm的轴类零件。

图4-21　死顶尖　　　　　　图4-22　活顶尖　　　　　　图4-23　拨齿顶尖

4.2.2　数控车床工件的装夹

1. 两顶尖之间装夹工件

装夹工件时必须先在工件的两端面钻出中心孔，而且在主轴一端应使用鸡心夹和拨盘夹紧来带动工件旋转，如图4-24所示。前顶尖装在车床主轴锥孔中，如自制前顶尖可用三爪卡盘装夹与主轴一起旋转，后顶尖可以直接或加锥套安装在机床尾座锥孔内。中心孔能够在各个工序中重复使用，其定位精度不变。轴两端中心孔作为定位基准与轴的设计基准、测量基准一致，符合基准重合原则。两顶尖装夹工件方便，定位精度高，因此，在车削轴类零件时普遍采用。

2. 用卡盘和顶尖装夹工件

用两顶尖装夹工件虽然精度高，但刚性较差。因此，车削质量较大工件时要一端用卡盘夹住，另一端用后顶尖支撑，如图4-25所示。为了防止工件由于切削力的作用而产生轴向位移，必须在

图 4-24　两顶尖装夹工件

卡盘内装一限位支承,或利用工件的台阶面限位。这种方法比较安全,能承受较大的轴向切削力,安装刚性好,轴向定位准确,所以应用比较广泛。

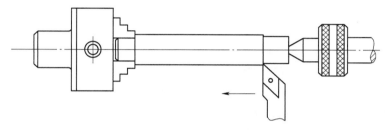

图 4-25　一夹一顶装夹工件

3. 拨动顶尖装夹工件

拨动顶尖是在数控车床上用来代替鸡心夹头及拨盘等传统车床夹具的更新换代产品。使用拨动顶尖装夹工件时不像传统夹具那样必须夹紧工件外圆,而是依靠拨爪驱动工件的端面,并使其随车床主轴旋转,能在一次装夹中完成对工件外圆的加工。内拨动顶尖如图 4-26 所示,一般用于管类、套类工件的装夹;外拨动顶尖如图 4-27 所示,一般用于长轴类工件的装夹;端面拨动顶尖如图 4-28 所示,利用端面拨爪带动工件旋转,适合装夹工件的直径在 50~150 mm 之间。在顶尖间加工轴类工件时,车削前要调整尾座顶尖轴线使其与车床主轴轴线重合,使用尾座时,套筒尽量伸出短些,以减小振动。

图 4-26　内拨动顶尖装夹工件

图 4-27　外拨动顶尖装夹工件

使用拨动顶尖装夹工件的特点:

(1)可在一次装夹中整体加工完工件,节省工件装夹辅助时间。

(2)等直径工件不存在接刀问题,且加工后工件各有关表面之间的相互位置精度高。

(3)夹紧力不受机床主轴转速影响,适应高速车削的要求。

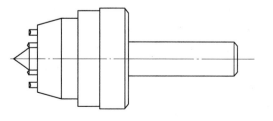

图 4-28　端面拨动顶尖

(4)工件端面对中心线有较大位置误差时,仍能保证可靠夹紧。

4. 定位心轴装夹工件

在数控车床上加工一些小型的套、带轮、齿轮零件时,为保证零件外圆轴线和内孔轴线的同轴度要求,经常使用心轴定位加工外圆和端面。心轴定位有以下几种:

(1)圆柱心轴装夹工件。圆柱心轴装夹工件有圆柱心轴和小锥度心轴两种。间隙配合装夹主要靠螺母来压紧,精度相对较低。但一次可以装夹多个零件。小锥度心轴制造容易,加工的零件精度也较高,但轴向无法定位,能承受的切削力小,装卸不方便。

(2)弹性圆柱心轴装夹工件。弹性圆柱心轴装夹工件是依靠材料本身弹性变性所产生的助力来固定工件的,也是一种以工件内孔为定位基准来达到工件相互位置精度的方法。

5. 软爪

软爪从外形来看和三爪自定心卡盘无大区别,不同之处在于其卡爪硬度不同,三爪自定心卡盘的卡爪为了保证刚度要求,通常要经过淬火+低温回火处理,硬度高,很难用常用刀具材料切削加工。而软爪的卡爪通常在夹持部位焊有软钢、铜等软材料,是一种可以切削的卡爪,它是为了配合被加工工件而特别制造的,通过螺丝、焊接等与三爪自定心卡盘卡爪连接起来。

软卡爪主要用于同轴度要求高且需要二次装夹的工件的加工,它可以在使用前要经过自镗加工处理如图4-29所示。从而保证卡爪中心与主轴中心同轴,因此,工件的装夹表面也是经加工的表面。另外,在加工过程中应使软卡爪的内径等于或略小于所要加工工件的外径($D_{软爪} = D_{工件}$)如图4-30所示。以消除卡盘的定位间隙并增加软卡爪与工件的接触面积。

图4-29　软卡爪自镗加工　　　　图4-30　软爪内圆直径与工件直径的关系

6. 弹簧夹套

弹簧夹套的定位精度高,装夹工件快速方便,常用于精加工的外圆表面定位,在实际应用中,如没有弹簧夹套,可根据工件夹持表面自制半开口薄壁套,如图4-31所示,来代替弹簧夹套。

图4-31　半开口薄壁夹套

7. 花盘与角铁装夹工件

在数控车削加工中,有时会遇到一些外形复杂和不规则的零件,不能用卡盘和顶尖进行装夹,如轴承座、双孔连杆、十字孔工件、齿轮泵体、偏心工件等。这些工件的装夹必须借助花盘、角铁等辅助夹具进行装夹。

(1)花盘如图4-32所示。被加工表面回转轴线与基准面互相垂直,外形复杂的工件,可以装夹在花盘上车削。夹具为圆盘形，采用花盘式车床夹具时，一般以工件上的圆柱面及垂直的端面作为定位基准，其中长方形圆孔为固定辅助夹具元件螺栓孔。

（2）角铁如图4-33所示。被加工表面回转轴线与基准面互相平行，外形复杂的工件，可以装夹在花盘的角铁上加工。

（3）花盘、角铁组合如图4-34所示。对于一些加工表面的回转轴线与基准面平行、外形复杂的零件可以装夹在角铁上加工。

注：用四爪卡盘、花盘、角铁（弯板）等装夹不规则偏重工件时，必须加配重。

图4-32 花盘　　　　　　　图4-33 角铁　　　　　　图4-34 花盘、角铁组合示意图

4.2.3 零件装夹方法和夹具选择

数控车床上零件装夹方法与普通车床一样，要尽量选用已有的通用夹具装夹，且应注意减少装夹次数，尽量做到在一次装夹中能把零件上所有要加工表面都加工出来。零件定位基准应尽量与设计基准重合，以减少定位误差对尺寸精度的影响。

（1）数控车床通常采用三爪自定心卡盘夹持工件；轴类工件还可采用尾座顶尖支持工件。批量生产时为了便于工件夹紧，多采用液压或气压动力卡盘，而且通过调整压力的大小，可改变卡盘夹紧力，以满足夹持各种薄壁和易变形工件的特殊需要。力求符合设计基准、工艺基准、安装基准和工件坐标系基准的统一。

（2）工件批量不大时，应尽量采用通用夹具、组合夹具或可调夹具，成批生产时，考虑采用专用夹具，力求结构简单，缩短生产准备时间、节省生产费用。

（3）工件的装卸要快速、方便、可靠，以缩短机床的停顿时间。

（4）夹具上各零件应不妨碍机床对工件各表面的加工，夹紧结构元件不能影响加工时刀具的进给。另外应减少装夹次数，尽可能做到在一次装夹后能加工全部待加工表面。

相关链接

选择数控车床夹具时，要根据零件的精度等级，零件结构特点，产品批量及机床等级等条件。选择顺序为：首先选择通用夹具，其次考虑组合夹具，最后选择专用夹具或成组夹具。

4.3 数控车削常用刀具

在数控车削加工过程中，合理选用刀具不仅可以提高刀具切削加工的精度、表面质量、效率及降低加工成本，而且还可以实现对难加工材料进行切削加工。为了增大粗车背吃刀量、实现快速走

刀,要求粗车刀具强度高、耐用度好;精车首先是保证加工精度,要求刀具的精度高、耐用度好。为此,应尽可能多地选用可转位车刀。

4.3.1 可转位车刀的优点

(1)生产效率高。可转位车刀刀片有合理的几何参数,可用较高的切削用量,且能使排屑顺利,刀片转位迅速方便,因此,提高效率的同时又能减轻劳动强度。

(2)节约刀杆材料,降低刀具成本。由于省去了刃磨工作及砂轮的消耗,刀杆又可以长期使用,费用低。

(3)有利于刀具的标准化和集中生产,可充分保证刀具的制造质量。可以实现同一刀杆配备多牌号的硬质合金刀片,简化刀具的管理工作。

(4)有利于新材料、新技术的研发、推广和应用。减少刀具的焊接环节,避免焊接引起的缺陷。由于刀片未被焊接,因此,可避免热应力,提高了刀具耐磨性和抗破损能力。

4.3.2 可转位车刀的夹紧机构

可转位车刀是把硬质合金可转位刀片,用机械夹固方式装夹在标准刀柄上的一种刀具。刀具由刀柄、刀片、刀垫和夹紧机构组成,已经形成模块化、标准化结构,具有很强的通用性和互换性,可转位车刀结构繁多,衡量标准主要以夹紧是否可靠、使用方便和成本低为前提。目前应用较多的可转位刀具主要有以下六种类型。

(1)杠杆式夹紧机构如图4-35所示。由于杠杆的作用,在夹紧时刀片既能得到水平方向的作用力,将刀片一侧或两侧紧压在刀槽侧面,又有一个作用力压向刀片底面。这样刀片就能得到稳定而可靠的夹紧。

特点是:定位精度高,夹紧可靠,使用方便,但元件形状复杂,加工难度大,杠杆在反复锁定、松开情况下易断裂。

(2)楔块式夹紧机构如图4-36所示。在螺钉紧固下由楔块的作用,刀片得到一个水平方向的挤压作用力,将刀片紧靠在圆柱销上,这样刀片被可靠的夹紧。

特点是:夹紧机构简单,更换刀片方便,但定位精度较低,夹紧力与切削力的方向相反。

(3)螺纹偏心式夹紧机构如图4-37所示。利用螺纹偏心销、偏心心轴的作用,将刀片紧压靠在刀体上,刀片被可靠的夹紧。

图4-35 杠杆式夹紧机构　　　图4-36 楔块式夹紧机构　　　图4-37 螺纹偏心式夹紧机构

1—杠杆;2—刀片;3—刀垫;　　　1—圆柱销;2—刀片;3—刀垫;　　　1—偏心销;2—刀片;

4—压紧螺钉;5—弹簧;6—刀体　　4—螺钉;5—楔块;6—弹簧垫圈　　　3—刀垫;4—刀体

特点是：夹紧机构简单，更换刀片方便，但定位精度较差，且要求刀片的精度高。

（4）压孔式夹紧机构如图4-38所示。利用螺纹偏心销偏心心轴的作用，将刀片紧压靠在刀体上，刀片被可靠的夹紧。

特点是：夹紧机构简单，更换刀片方便，但定位精度较差，且要求刀片的精度高。

（5）上压式夹紧机构如图4-39所示。利用上压板在螺钉的作用下，将刀片紧压靠在刀体上，刀片被可靠稳定的夹紧。

特点是：机构简单、夹紧可靠，但切屑容易擦伤夹紧元件。

（6）拉垫式夹紧机构如图4-40所示。利用拉垫在螺钉的作用下移动，借助圆销将刀片紧压靠在刀体上，夹紧可靠稳定。

特点是：机构简单，夹紧可靠，但刀头部分刚性较差。

图4-38　压孔式夹紧机构
1—压紧螺钉；2—刀片；
3—刀垫；4—刀体

图4-39　上压式夹紧机构
1—刀体；2—刀垫；3—螺钉
4—刀片；5—压板；6—螺钉

图4-40　拉垫式夹紧机构
1—圆销；2—刀片；3—拉垫；
4—螺钉；5—刀体

4.3.3　可转位刀片的选择

根据数控机床加工的特点，应正确合理地选用刀片的形式、角度、材质、品牌，刀片的形状及安排合适的切削用量，以提高机床的利用率、并保证工件加工的质量。

1. 几何形状的选择

主要是根据加工的具体表面形状决定，一般要选通用性较高的及在同一刀片上切削刃数较多的刀片，其中，最常见车削外轮廓各种刀片形状的选用见表4-1。

表4-1　常用车削外轮廓各种刀片形状的选用

刀片形状	特点	应用
正三角形 T	有三个刃口，刃口较长，刀尖强度较低	用于90°车刀，在内孔车刀中主要用于加工盲孔、台阶孔等
正四边形 S	刃尖角90°，同等内切圆直径刃口较短，刀尖强度较高	用于75°、45°车刀，在内孔刀中用于加工通孔
正五边形 P	刀尖角为108°强度及耐用度介于三角形与五边形之间	不能兼做外圆刀与端面刀
C 形	刀尖角80°的两个刀尖强度较高，一般做成75°车刀	用于粗车外圆、端面，在内孔车刀中一般用于加工台阶孔

刀片形状	特　点	应　用
R 形	圆形刃口,刀片利用率高,但径向力大,切削时易产生振动	用于特殊圆弧面的加工
W 形	刀尖角80°三个刃口且较短,刀尖强度较高	用于90°外圆、端面、内孔车刀,可加工圆柱面和台阶面
D 形	刀尖角55°刀尖强度较低,两个刃口,且较长	用于成形面的加工
V 形	两个刃口,并且长,刀尖角35°刀尖强度最低	常用于成形面的加工

2. 切槽刀片的选择

单面如图 4-41 所示,双面如图 4-42 所示。一般切深槽用切断刀片,切浅槽用成型刀片。

3. 螺纹刀片的选择

车精度较高的螺纹要用成形可转位内、外螺纹刀片,如图 4-43 所示。内、外螺纹的牙形方位不同。它的螺距是固定的可以车出牙顶。是带断屑槽并带夹紧孔的刀片。

图 4-41　单面切槽刀片　　　　图 4-42　双面切槽刀片　　　　图 4-43　内螺纹刀片

4. 车削刃长度的选择

切削刃长度应根据背吃刀量进行选择,一般通槽形的刀片切削刃长度选≥1.5 倍的背吃刀量,封闭槽形的刀片切削刃长度选≥2 倍的背吃刀量。

5. 刀尖圆弧的选择

刀尖圆弧粗加工时只要刚性允许尽可能采用较大刀尖圆弧半径,精车时一般用较小圆弧半径,不过当刚性允许的条件下也应选较大的值。

6. 刀片厚度的选择

刀片厚度选用原则是使刀片有足够的强度来承受切削力,通常是根据背吃量与进给量来选用的,如有些陶瓷刀片就要选用较厚的刀片。

7. 刀片法后角的选择

刀片法后角常用的是 0°后角,它一般用于粗、半精车;5°、7°、11°一般用于精、半精车、仿形及加工内孔。

8. 刀片精度的选择

刀片精度可转位刀片国家标准规定为 A ～ U 共 12 个精度等级,其中,6 种适合于车刀,车削常用的等级为 G、M、U 三种。一般精密加工选用高精度的 G 级刀片;粗、半精加工用 U 级;对刀尖位置要求较高的数控车床在精加工或重负荷粗加工可选用 M 级。

9. 刀片断屑槽的选择

刀片槽型决定了切削作用和切削刃的强度,以及在规定背吃刀量和进给量的前提下可接受的断屑范围。一般刀片材料代码确定了,槽型也就确定下来了。如用于加工钢的 PM 槽型、不锈钢的 MM 槽型和铸铁的 KM 槽型,刀片槽型是专为被车削材质而设计的,不同的材质有不同的断屑槽型。另外断屑槽型还与加工阶段(粗加工、半精加工还是精加工),以及刀片是正前角形状还是负前角形状有关。

10. 刀片材料代码的选择

根据被加工工件材料的不同,选取相应工件材料组刀片代码。工件材料按照不同的机械加工性能,被分为六个工件材料组,一个字母分别和一种颜色相对应,以确定被加工工件的材料组代码,代码选择见表4-2。

表4-2　选择工件材料组代码

加 工 材 料 组		代　码
钢	非合金、合金钢、高合金钢、不锈钢、纯铁	P(蓝)
不锈钢	奥氏体不锈钢、铁素体不锈钢	M(黄)
铸铁	可锻铸铁、灰口铸铁、球墨铸铁	K(红)
NF 金属	有色金属和非金属材料	N(绿)
难切削材料	以镍或钴为基体的热固型材料、钛合金以及难切削加工的高合金钢	S(棕)
硬材料	淬硬钢、淬硬铸铁、高锰钢	H(白)

4.3.4　可转位刀具的种类

数控车床可转位刀具按其用途可分为外圆刀具、内孔刀具、切槽(断)刀具、端面刀具、内、外螺纹刀具和圆弧刀具,如图4-44所示。可转位刀具刚性夹紧方式如图4-45所示。

图4-44　常见数控车床可转位刀具

图4-45　可转位刀具刚性夹紧联接方式

1. 外圆刀具

外圆刀片使用最多的是菱形刀片,按其菱形锐角不同有35°、55°和80°三类,通常情况下在切深较小的精加工、细长轴类件加工或在机床刚性较差的情况下,应尽可能选用较小的刀尖圆弧。

(1)可转位35°菱形车刀刀尖角小,刀片强度低、散热性和耐用度差,其优点是成型加工性好,可转位35°菱形车刀及加工如图4-46(a)所示。

(2)可转位80°菱形车刀的刀尖角大小适中,刀片有较高的强度、较好的散热性和耐用度,能加工外圆、倒角及端面等,可转位80°菱形车刀及加工如图4-46(b)所示。

（a）可转位35°菱形车刀及车外圆加工　　　　　　　　（b）可转位80°菱形车刀及车外圆加工

图 4-46　外圆车刀及加工

2. 端面车刀

按其菱形角度不同，主偏角有 45°和≥90°等两种形式。

（1）可转位 45°端面车刀。采用 45°端面车刀车端面是常见一种形式，可转位 45°菱形车刀及加工如图 4-47（a）所示。

（2）可转位≥90°端面车刀。采用此类刀具车端面刀尖强度高，车削效果较好，可转位≥90°菱形车刀及加工如图 4-47（b）所示。

（a）可转位45°菱形车刀及车端面加工　　　　　　　　（b）可转位≥90°菱形车刀及车端面加工

图 4-47　端面车刀及加工

3. 外圆切槽刀

切槽刀及切槽加工如图 4-48 所示为定槽宽机夹切槽刀，一种规格的切槽刀杆只能安装规定槽宽的刀片，一般多为 3 mm、4 mm 两种。由于切槽刀宽度窄，相对悬长，刚性差、易振动，因此，在零件图样中槽的宽度要求在允许条件下，以选择较大宽度的刀片为宜。

刀片装夹时应采用轴向叠加方式进刀切削。刀片伸出不宜过长，刀头中心线必须装得与工件轴线垂直，以保证两个副偏角相等。

4. 外圆切断刀

切断刀及切断加工如图 4-49 所示。切断是以横向进给为主，切削方法有直进法及左右借刀法。切断刀刀头长度一般大于切槽刀，刀具前端的切削刃为主切削刃、有两个刀尖、两侧为副切削刃，刀头窄而长、强度差；主切削刃太宽会引起振动，切断时浪费材料，太窄会削弱刀头的强度，其刀头部分的几何尺寸如下：

（1）主切削刃宽度：

$$a \approx D + (0.5 \sim 0.6)(\text{mm})$$

式中　D——待加工零件实心直径，单位 mm。

（2）刀头工作部分长度：

$$L = h + (2 \sim 3)(\text{mm})$$

式中　h ——切入深度，单位 mm。

图 4-48　切槽刀及切槽加工

图 4-49　切断刀及切断加工

5. 圆弧车刀

在加工圆弧成形面时，圆弧形车刀是较为特殊的数控加工刀具，其特征是，构成主切削刃的刀刃形状是以一圆度误差或轮廓误差很小的圆弧形切削刃的车刀如图 4-50 所示。

圆弧刃每一点都是圆弧形车刀的刀尖。因此，刀位点不在圆弧上而在该圆弧的圆心上，车刀圆弧半径理论上与被加工零件的外形无关，并可按需要灵活确定或经测定后确认。利用刀尖圆弧半径补偿后，仍按零件轮廓编程。圆弧形车刀可以用于车外表面，特别适合于各种光滑连接的成形面，由于圆弧刀的前刀面一般都设计为凹球面，该形状是为了满足在刀刃的每一个切削点上，都有恒定的前角和后角，以保证在切削过程中的稳定性和加工精度。

在车削时圆弧形车刀的切削刃与被加工轮廓曲线作相对"滚动"运动，如图 4-51 所示。即圆弧形车刀切削刃对于零件的车削是以无数个连续变化位置的"刀尖"进行的，圆弧刀的几何参数除了前角及后角外，还有车刀圆弧切削刃的形状及圆弧半径。

图 4-50　圆弧车刀

图 4-51　圆弧加工示意图

6. 定螺距内、外三角形螺纹刀

定螺距内、外三角形螺纹刀属于成型刀，其加工螺纹形状完全由两侧的刀刃形状来决定。可根据所加工螺距的不同来选择相对应的螺距刀片。

（1）定螺距三角形内螺纹刀。定螺距三角形内螺纹刀刀尖角为 60°并带有修牙尖刃口，与外螺纹相比散热性较差，强度低，定螺距内三角形螺纹刀及加工，如图 4-52 所示。

（2）定螺距三角形外螺纹刀。定螺距三角形外螺纹刀刀尖角为 60°并带有修牙尖刃口，加工效果好，螺距不同刀片刀尖角两侧刃口尺寸也略有不同，定螺距三角形外螺纹刀及加工，如图 4-53 所示。

图 4-52 定螺距内三角形螺纹刀及加工　　　　图 4-53 定螺距外三角形螺纹刀及加工

7. 内孔刀

（1）盲孔内孔刀。盲孔内孔刀刀尖角小，强度底、散热性和耐用度差，主要用于对封闭孔或台阶孔的加工，切削部分的几何形状基本上与主偏刀相似。主偏角在 90°～95° 之间且大于 90°，以保证内孔端面与孔壁垂直。刀尖在刀柄的最前端，刀尖与刀柄外端的距离应小于内孔半径，否则孔的底平面就无法车平，盲孔内孔刀及加工如图 4-54（a）所示。

（2）通孔内孔刀。通孔内孔刀刀尖角大，刀片强度高、散热性和耐用度好，切削部分的几何形状基本上与外圆刀相似。主偏角在 60°～75° 之间。以减小径向切削力和振动，通孔内孔刀及加工如图 4-54（b）所示。

（a）盲孔内孔刀及加工　　　　　　　　（b）通孔内孔刀及加工

图 4-54 内孔刀及车削加工

8. 内槽刀

内槽刀与外槽刀基本相似，如图 4-55 所示，只是装夹方向相反，在内腔中加工槽，由于内槽两侧面通常与孔轴线垂直，因此，要求内槽刀杆轴线与主轴轴线相平行。

图 4-55 内槽刀

图 4-56 内槽加工

内槽刀为一个主切削刃两个副切削刃同时参与三面切削的刀具,其加工形式如图4-56所示。被切削材料塑性变形复杂、摩擦力大、加工时进给量小、切削厚度薄、平均变形大、单位切削力增大,总切削力与功耗大,切削温度高、散热性差。切削速度在加工过程中不断变化,因刀具宽度窄相对悬伸长,刀具刚性差,易振动。当槽的宽度大于刀宽时,可以采用轴向重叠车削加工方式。

4.3.5 数控车刀的刀位点

刀位点是指刀具的定位基准点。常见车刀的刀位点,如图4-57所示。不同的刀具其刀位点是不同的。车刀的刀位点一般是主切削刃与副切削刃的交汇点,这种以直线形切削刃为特征的刀具属于尖形车刀。但实际上机夹刀具刀尖都有圆弧,由于有刀尖半径的存在,这样在车削加工时刀具切削点在刀尖圆弧上有变动,因此,刀位点设定为刀尖圆弧的圆心点上。

(a)90°偏刀 (b)螺纹刀 (c)外圆刀(d)切断刀 (e)圆弧刀

图4-57 常见车刀的刀位点

数控程序一般是针对刀具上的某一点即刀位点,按工件轮廓尺寸编写的。在实际对刀过程中还要进行刀具圆弧半径的补偿,否则在切削锥面和圆弧时,会出现过切或少切的现象,从而产生误差。

相关链接

从理论上讲刀具上任意一点都可以选作刀位点,但为了方便编程和保证加工精度,刀位点应选择刀具上能够直接测量的点;能直接与精度要求较高的尺寸或难于测量的尺寸发生联系;并与刀具长度预调时的测定点尽量保持一致的点。因此,车刀选在假想刀尖或刀尖圆弧的圆心点上。

4.3.6 可转位车刀刀片刀尖半径的选择

车刀刀片刀尖圆弧半径的大小直接影响刀尖的强度及被加工零件的表面粗糙度。刀尖圆弧半径大,表面粗糙度值增大,切削力增大,切削力增大且易产生振动,切削性能变差,但刀刃强度增大,刀具前后面磨损减少。因此,在粗车时只要机床刚度允许,应尽可能采用较大的刀尖圆弧半径。通常情况下在背吃刀量较小的精加工、细长轴类件加工、机床刚性较差的情况下,应尽可能选用刀尖圆弧较小些。常用数控车刀规定刀尖圆弧半径的尺寸为0.2 mm、0.4 mm、0.8 mm、1.2 mm等。

4.3.7 可转位车刀刀体的选择

(1)确定刀柄规格。常规外圆车刀刀柄截面为方形,刀柄截面常用的有20 mm×20mm、25 mm×25 mm两种形式,可根据数控车床的刀架规格进行选取,内孔刀刀柄截面一般为铣扁圆柱形,并配有相应刀座,内孔尺寸的大小选择应根据加工孔的实际情况来定。

(2)确定切削类型。是外圆车削还是内孔车削,操作类型是纵向车削还是端面车削,是仿形车削还是其他切削方式,是采用负前角形式还是采用正前角形式,要根据零件的实际结构具体分析确定。

(3)确定可转位刀片牌号。可根据被加工零件材料、切削工序及切削状况的稳定性进行选择。

(4)选择相应的切削参数。应参看厂家提供的刀片说明书,其中给出了不同材料的切削参数和进给值或凭借以往的加工经验进行合理选择。

4.3.8 数控车刀的装夹

常规数控车削刀具为条形方刀体或圆柱形刀杆。普通数控车床四工位刀架如图 4-58 所示。由于在该刀架上装夹使用的是标准化可转位刀具,其刀尖高度精度在制造时就得到保证,因此,一般可不加垫片调整,对于长径比例较大的内径刀杆,最好具有抗振结构。内径刀的冷却液最好先引入刀体,再从刀头附近喷出。

对于数控车床多工位回转刀架来说,由于使用的是多工位回转刀架如图 4-59 所示,其刀具都是装夹在刀盘上既可以径向装刀,也可以轴向装刀。外圆刀通常是径向装刀,内孔刀通常是轴向装刀。刀具以刀杆尾部和一个侧面定位。当采用标准尺寸刀具时,只要定位准确、锁紧可靠,就能确定刀尖在刀盘上的相对位置。

图 4-58 数控车床四工位刀架

图 4-59 数控车床多工位回转刀架

条形方刀体一般用槽形刀架螺钉紧固方式固定,圆柱刀杆是用套筒螺钉紧固方式固定。它们与机床刀盘之间的连接是通过槽形刀架和套筒接杆来连接的。在模块化数控车削中心工具系统中,刀头与刀体的连接是"插入快换式系统"。

4.3.9 安装可转位刀具的要求

1. 刀片安装

(1)更换刀片时应清理刀片、刀垫和刀杆各接触面,使接触面无铁屑和杂物,表面有凸起点应修平。已用过的刃口应转向切屑流向的定位面。

(2)刀片转位时应稳固靠向定位面,夹紧时用力适当,不宜过大。对于偏心式结构的刀片夹紧时需要用手按住刀片,使刀片贴紧底面。

(3)夹紧的刀片、刀垫和刀杆三者的接触面应贴合无缝,注意刀尖部位紧贴良好,不得有漏光现象,刀垫更不得有松动现象。

2. 刀杆安装

(1)刀杆安装时其底面应清洁、无黏着物。若使用垫片调整刀尖高度,垫片应平直,最多不要超过 3 块垫片。如果内侧和外侧面也需做安装定位面,也应擦拭干净。

（2）刀杆伸出长度在满足加工要求下尽可能短，普通刀杆，一般伸出长度是刀杆厚度的 $1 \sim 1.5$ 倍，最长也不能超过 3 倍。伸出过长会使刀杆刚性变差，切削时易产生振动，影响工件的表面粗糙度。

（3）车刀刀尖应与工件轴线等高，否则会因基面和切削平面的位置发生变化，使后角减小，增大了车刀后刀面与工件之间的摩擦；当车刀刀尖低于工件轴线时，会使前角减小，切削力增加，切削不顺利。

（4）车削端面时，车刀刀尖高于或低于工件中心，车削后工件端面中心处留有凸头，当车到中心处时会使刀尖崩碎。

（5）车刀刀杆中心线应与进给方向垂直，否则会使主偏角和副偏角的角度值发生变化。

 拓展延伸

调整刀尖的高度使其对准工件中心的方法：

由机床尾座顶尖点作为定点，用顶尖对准刀尖进行装刀；试车端面根据车削端面的情况调整车刀安装高度；根据机床要求的刀具尺寸，直接用高度尺测量刀尖到刀具底面的高度。

4.3.10　可转位车刀使用时易出现的问题

在利用可转位车刀加工工件时，尽管考虑了非常充足的因素，但是可转位刀具仍可能出现不少意想不到的问题，具体包括：

（1）刀具在切削时产生振动。产生振动的原因可能是刀片装夹不牢、夹紧元件变形、刀片尺寸误差过大及刀具刀杆质量差等原因引起的。

（2）刀具在切削时有刺耳噪声。可能是刀片、刀垫和刀体接触有间隙，刀具装夹不牢固，刀具磨损严重，刀杆伸出过长，工件刚性不足或夹具刚性不足等原因造成的。

（3）刀具刀尖处闪火花。产生火花的原因可能是刀片严重磨损、切削速度过高或刀尖有轻微破损等原因。

（4）刀片前刀面有积屑瘤或粘刀。刀片前刀面有积屑瘤或粘刀主要是工件材质软、切削槽型不正确、切削速度过低或刀头几何角度不合理引起的。

（5）刀片有剥离现象。产生此现象可能是切削液浇注不充分、适宜干切削的高硬度材料而浇注了切削液、刀片质量差等原因。

（6）切屑乱飞溅。加工脆性工件材料或正常切削进给量过大时都可能有此现象发生。

小　结

一、常见数控车床、床身、刀架、夹具、装夹种类一览表

车床	按主轴位置分类	卧式数控车床。主轴轴线平行于水平面的数控车床
		立式数控车床。主轴轴线垂直于水平面的数控车床
	按控制功能分类	经济型。属于低、中档数控车床
		全功能型。生产型高档数控车床
		车削加工中心。属于复合加工机床

车身	水平床身	水平床身的工艺性好,便于导轨面的加工
	斜床身	斜床身的导轨倾斜角度有 30°、45°、75°
	斜刀架水平床身	水平床身配上倾斜放置的刀架滑板
	立床身	其床身平面与水平面呈垂直状态,刀架位于工件上侧
刀架	按位置分	前置刀架。平床身为前置刀架
		后置刀架。斜床身为后置刀架
	按形式分	单刀架。一般用于普通数控车床
		双刀架。一般用于多功能数控车床
	按工位分	四工位转动式刀架。一般用于普通数控车床
		多工位回转刀架 多功能数控车床
	排式刀架	用于小规模数控机床
	双刀架	用于外形复杂零件的加工
	铣削动力头	扩展机床的加工能力
夹具	三爪自动定心卡盘	三个卡爪同步运动,可以自动定心,不需找正
	四爪单动卡盘	四个卡爪能各自独立运动,因此工件装夹时必须找正
装夹	两顶尖之间装夹工件	主轴一端应使用鸡心夹和拨盘夹紧
	用卡盘和顶尖装夹工件	一端用卡盘夹住另一端用后顶尖支撑
	拨动顶尖装夹工件	依靠拨爪驱动工件的端面并使其随车床主轴旋转
	定位心轴装夹工件	① 圆柱心轴装夹工件;② 弹性圆柱心轴装夹工件
	花盘与角铁装夹工件	外形复杂的非回转体工件,可以装夹在花盘上车削

二、数控车床常用刀具分类

外圆可转位刀具	刀片可分 35°强度低、成形加工性好和 80°强度高、成形加工性差
内孔可转位刀具	盲孔刀具:刀尖角小,强度低、散热性和耐用度差
	通孔刀具:刀尖角大,刀片强度高、散热性和耐用度好
切槽(断)刀具	外圆切槽(断)刀具:刀头中心线应与工件轴线垂直装刀
	内孔切槽刀具:刀具伸出不要过长,以防引起振动
端面刀具	45°端面刀是最常采用的一种形式,特点是刀尖强度高
螺纹可转位刀具	外螺纹刀:刀尖角为 60°并带有修牙尖刃口,加工效果好
	内螺纹刀:与外螺纹相比其散热性较差、刀杆强度较低
圆弧刀具	为特殊加工刀具,刀位点不在圆弧上,而在该圆弧的圆心点上

复 习 题

一、填空题

1. 车床用的三爪自定心卡盘、四爪单动卡盘属于＿＿＿＿＿＿＿夹具。

2. 工件的装夹表面为三边形或正六边形的工件宜采用＿＿＿＿＿＿＿夹具。

3. 采用气动、液动等夹具时适应的场合为＿＿＿＿＿＿＿生产。

4. 在花盘上安装形状不对称的工件时,在轻的一边要加＿＿＿＿＿＿＿,否则重心将偏移。

5. 在普通数控车床上使用的是＿＿＿＿＿＿＿刀架,在全功能数控车床上使用的是＿＿＿＿＿＿＿刀架。

6. 内孔加工的盲孔刀具_____小_____底、_____和_____差。

7. 数控车床床身布局形式包括_____、_____、_____和_____。

8. 按刀架位置形式分为_____和_____,按刀架形式又可以分为_____和_____。

9. 用一夹一顶装夹工件时,如果夹持部分较短,属于_____定位。

10. 车床上加工壳体,支座等类零件时,选用_____车床夹具。

二、选择题

1. 目前工具厂制造的45°、75°可转位车刀多采用（　　）刀片。

　　A. 正三边形　　　　B. 凸三边形　　　　C. 菱形　　　　D. 正四边形

2. 工件以中心孔定位时,一般不选用（　　）作定位元件。

　　A. 通用顶尖　　　　B. 外拨顶尖　　　　C. 定位销　　　　D. 特殊顶尖

3. 关于数控车床夹具影响加工精度,不正确的表述有（　　）。

　　A. 结构力求紧凑　　　　　　　　B. 加工减重孔

　　C. 悬伸长度要短　　　　　　　　D. 重心尽可能指向夹具中心

4. 机夹可转位车刀的刀具几何角度是由（　　）形成的。

　　A. 刀片的几何角度　　　　　　　B. 刀槽的几何角度

　　C. 刀片与刀槽几何角度　　　　　D. 刃磨

5. 车削曲轴的主轴颈或曲拐颈常用（　　）装夹。

　　A. 三爪自定心夹盘　　B. 四爪单动卡盘　　C. 双顶尖　　D. 花盘

6. 刀尖圆弧半径增大时,径向力将（　　）。

　　A. 减小　　　　　　B. 增大　　　　　　C. 不变　　　　　D. 不确定

7. 刀尖圆弧只有在加工（　　）时才产生加工误差。

　　A. 端面　　　　　　B. 圆柱　　　　　　C. 圆弧　　　　　D. 均有可能

8. 在数控机床上使用的夹具最重要的是（　　）。

　　A. 夹具的刚性好　　　　　　　　B. 夹具的精度高

　　C. 夹具上有对刀基准　　　　　　D. 夹具装夹方便

9. 被加工工件强度、硬度、塑性越大时,刀具寿命（　　）。

　　A. 越长　　　　　　B. 越短　　　　　　C. 不变　　　　　D. 时长时短

10. 角铁式车床夹具上的夹紧机构,一般选用（　　）夹紧机构。

　　A. 偏心　　　　　　B. 斜楔　　　　　　C. 螺旋　　　　　D. 任意

三、判断题

1. 在机床上用夹具装夹工件时,夹具的主要功能是使工件定位和夹紧。　　（　　）

2. 车床夹具的夹具体一般应制成圆形,必要时可设置防护罩。　　　　　　（　　）

3. 安装内孔加工刀具时,应尽可能使刀尖平齐或稍高于工件中心。　　　　（　　）

4. 车削加工中心的模块化快换刀具结构,它由刀具头部、连接部分和刀体组成。（　　）

5. 机夹可转位车刀不用刃磨,有利于涂层刀片的推广使用。　　　　　　　（　　）

6. 可转位车刀刀垫的主要作用是形成刀具合理的几何角度。　　　　　　　（　　）

7. 刀尖的半径选较大,倒棱的宽度取较小,可以减少细长轴的径向切削力。（　　）

8. 由于数控车床可以加工形状复杂的回转体零件,因此不使用成形车刀。　（　　）

9. 三爪自定心卡盘软卡爪的特点是可定期用车刀来镗卡爪面确保卡盘与机床回转。 （ ）

10. 在夹紧工件时,夹紧力应尽可能大,以保证工件加工中位置稳定和防止振动。 （ ）

四、简答题

1. 简述数控车床分类情况？

2. 简述数控车床床身的几种形式？

3. 简述数控车削的主要加工对象？

4. 简述数控车床采用通用夹具装夹工件有何优点？

5. 简述数控刀具的选择一般原则？

第 5 章
数控车削加工工艺

学习目标

➢ 了解数控车削加工工艺的基本特点及加工内容。

➢ 熟悉数控车削加工工艺分析方法、工艺路线设计、工序设计。

➢ 掌握典型工件数控车削的工艺分析。

随着现代化工业的飞速发展,虽然数控车床在普通车床的基础上发展起来的,但与普通车床相比,其加工效率和加工精度更高,可加工的零件形状更加复杂,加工工件的一致性更好,这是由于数控车床是根据加工程序的指令要求自动进行加工,加工过程中无须人为干预。因此,在整个加工过程中要将全部工艺过程及工艺参数等编制成数控加工程序,这样程序编制前的工艺分析、工艺处理、工艺装备的选用等工作就显得尤为重要。

5.1 数控车削加工工艺概述

5.1.1 数控车削加工工艺的基本特点

在数控车床上加工零件,首先应该满足所加工零件要符合数控车削的加工工艺特点,另外还要考虑到数控加工本身的特点和零件编程的要求、加工零件的范围、表面形状的复杂程度、夹具的配置、工艺参数及切削方法的合理选择等,数控加工工艺基本特点如下。

1. 编程前加工方案合理、设计周全

要充分发挥数控车床加工的自动化程度高、精度高、质量稳定、效率高的特点,除了选择适合在数控车床上加工的零件以外,还必须在编程前正确地选择最合理、最经济、最完善、最周全的加工工艺方案。

数控车床加工零件时,工序必须集中,即在一次装夹中尽可能完成所有的工序,为此在进行工序划分时。应采用"刀具集中、先内后外、先粗后精"的原则,即将零件上用同一把刀具加工的部位全部加工完成后,再换另一把刀具来加工,先对零件内腔加工后再外轮廓加工,确定好加工路线以减少走刀、换刀次数,缩短空走刀路线行程,减少不必要的定位误差,先粗加工后精加工,以提高零件的加工精度和表面粗糙度。

2. 加工工艺规程规范、内容明确

为了充分发挥数控车床的高效性,除选择合适的加工工件和必须掌握的机床特性外,还必须对零件的加工部位、加工顺序、刀具配置与使用顺序、刀具轨迹、切削参数等方面,都要比普通车床加工工艺中的工序内容更详细具体。加工工艺必须规范、明确,要详细到每一次走刀路线和每一个操作细节。然后由编程人员在编程时预先确定,并写入工艺文件。

3. 加工工艺制订准确、设计严密

数控车床加工过程是自动连续进行的,不像普通车床那样在操作过程中出现问题随时调整,具有一定的灵活性。因此,在数控编程过程中,对零件图进行数学计算,要求准确无误,否则,可能会出现重大的机械事故,质量事故,甚至人身伤害等。因此,要求编程人员除了具有丰富的工艺知识和实际经验外,还应具有细致、耐心、严谨的工作作风。

4. 复杂曲面零件加工、完整度好

数控车削加工可以加工出复杂的零件表面、特殊表面或有特殊要求的曲面,并且加工质量、加工精度及加工效率高,在零件的一次装夹中可以完成多个表面的多种加工,从而缩短了加工工艺路线。这是普通车床所无法比拟的。

5. 加工工艺先进、装备精良

数控车床与普通车床相比不仅功率高、刚度高,而且数控加工中广泛采用先进的数控刀具、组合夹具等先进的工艺装备。以满足加工中的高质量、高效率和高柔性的要求。

5.1.2 确定车削加工工艺内容

数控车削加工工艺是预先在所编制程序中体现的,由机床自动实现。因此,合理的车削加工工艺内容对提高数控车床的加工效率和加工精度至关重要。

(1)确定工序内容时,首先应选择适合在数控车床上加工的零件。

(2)分析加工零件的图样,明确加工内容及技术要求,确定加工方案,制订数控加工路线,如工序的划分、加工顺序的安排、零件与非数控加工工序的衔接等。设计数控加工工序,如工序的划分、刀具的选择、夹具的定位与安装、切削用量的确定、走刀路线的确定等。

(3)调整数控加工工序的程序,如对刀点、换刀点的选择、刀具的补偿等。

(4)分配数控加工工序的公差,保证零件加工后尺寸的合格。

(5)处理数控机床上部分工艺指令。

(6)填写数控加工工艺文件及后续的文件整理。

当确定某个零件要进行车削加工后,可选择其中的一部分进行数控车削加工,所以必须对零件图样进行仔细的工艺分析,确定哪些工序最合适在数控车床上加工。

相关链接

数控加工工艺的编制结果不是唯一的,但无论如何编写,应在满足企业实际情况的条件下,以安全、高效为原则。数控加工工艺一旦确定,零件的加工质量一般不会由于操作者的不同而受到影响。造成失误的主要原因多是加工工艺方面考虑不周或程序的马虎大意。

5.1.3　数控车削加工工艺性分析

数控车削加工的前期工艺准备工作是加工工艺分析。工艺制订的合理与否,对程序编制、工艺参数的选取、车床的加工效率和零件的加工精度都有重要影响,因此,编程前应遵循工艺制订原则,并结合数控车床的特点,详细地进行加工工艺分析,从而制订好加工工艺。对数控车削零件进行加工工艺分析主要考虑以下几个方面。

1. 对零件图进行工艺性分析

在数控加工零件图上,应以同一基准引注尺寸或直接标注尺寸,这种标注方法既便于编程,又有利于基准统一。保持了设计基准、工艺基准、测量基准与工件原点设置的一致性,由于零件设计人员在尺寸标注上一般较多地考虑装配及使用等特性,而采用一些局部分散的标注方法,这样就给工序安排和数控加工带来诸多不便。由于数控机床加工精度和重复定位精度都很高,不会产生较大的累积误差而破坏零件的使用特性,因此,可将局部的分散标注改为同一基准标注或直接给出坐标尺寸的标注法。

2. 对零件图的完整性与正确性进行分析

手工编程时,要根据计算构成零件轮廓的每一个基点的坐标;即构成零件轮廓的几何元素。如点、线、面及其之间的相互关系,如相切、相交、垂直和平行等,都是数控编程中数值计算的主要条件。

自动编程时,要对构成零件轮廓的所有几何元素进行定义,无论哪一条件不明确,编程都无法正常进行。因此,在分析零件图时,必须分析几何元素的给定条件是否充分。

3. 对零件结构工艺性进行分析

零件的结构工艺性是指在满足使用要求的前提下,零件加工的可行性和经济性,即所设计的零件结构应便于加工成形,且成本低,效率高。

(1)零件的内腔与外形应尽量采用统一的几何类型和尺寸。如在同一轴零件上出现两个不同直径且不同螺距的螺纹,在可能满足要求的前提下,采用同一尺寸螺距,以避免使用两把不同螺距的螺纹刀。

(2)内孔退刀槽与外圆退刀槽不宜过窄。使用的切刀刀宽不能过窄,否则切削力过小,易打碎,甚至无法切削。所以在设计时刀槽一般以不小于 3 mm 为宜。

(3)定位基准的选择。数控车削加工尤其强调定位加工,如一个零件需两端加工,其工艺基准的统一是十分重要的,否则很难保证两次安装加工后两个面上的轮廓位置及尺寸的协调。如果零件上没有合适的基准,可以考虑在零件两端钻中心孔用顶尖定位装夹。

(4)对零件的技术要求进行分析。零件的技术要求里给定的形状和位置公差是保证零件精度的重要依据。加工时,要按照其要求确定零件工艺基准(定位基准和测量基准),以便有效地控制零件的形状和位置精度。表面粗糙度是保证零件表面微观精度的要求,也是合理选择数控车床、刀具及确定切削用量的依据,对于粗糙度等级要求较高且零件直径尺寸变化较大的表面,应采用恒线速切削,如车削不能满足要求,应留加工余量,然后再磨削加工。

材料与热处理是确定机床、选择刀具、确定切削用量的依据。这些要求在保证零件使用性能的前提下,应经济合理。否则会使工艺过程复杂、加工困难、提高成本。

另外零件加工数量的多少,影响工件的装夹与定位、刀具的选择、工序的安排以及走刀路线的确定。例如,单件产品的加工,粗、精加工使用同一把刀具,而批量生产粗、精加工各用一把刀具;单件生产时需要调头零件也只用一台数控车床,而批量生产为提高效率,选用两台数控车床加工。

4. 对零件加工工序进行划分

根据数控加工的特点以及零件的结构与工艺性、机床的功能、零件数控加工内容的多少、安装的次数等进行综合考虑。

(1)根据安装次数划分工序。如加工外形时,以内腔定位装夹;加工内腔时,以外形定位装夹。

(2)根据所用的刀具划分工序。如在加工时尽量使用同一把刀把零件上所有能加工部位均加工出来,以便于减少换刀次数,缩短刀具的移动距离。特别是当使用的刀具数量超过数控车床的刀位数时,由于刀具需要重新装卸和对刀,将会造成零件加工时间的延长;同时因为重新对刀可能导致零件精度的下降,甚至零件的报废。

(3)根据粗、精加工划分工序。对于易变形的零件,考虑到工件加工精度、变形等因素,可按粗、精加工分开的原则进行划分。

(4)按加工部位划分。以完成相同型面的那部分工艺为第一道工序。有些零件加工表面多而复杂,构成零件轮廓的表面结构差异大,可按照其结构特点划分多道工序。

总之,工序的划分要根据零件的结构要求、零件的安装方式、零件的加工工艺性、数控机床的性能以及加工的实际情况等因素灵活掌握,力求合理。

 拓展延伸

批量生产在确定数控工艺时,要将粗、精加工分开进行;各表面的粗加工结束后,再进行精加工。这样可以使粗加工产生的加工误差及工件变形,在精加工时得到修正,有利于提高加工精度。合理使用机床,一般非薄壁零件情况下,不要将粗、精加工工序交替进行,更不要在一台机床上既进行粗加工,又进行精加工。

5.1.4 数控车削加工工艺路线的拟订

数控车削加工工艺路线的拟订与普通车削加工工艺路线的拟订主要区别在于它不是指从毛坯到产品的整个工艺过程,而是仅几道数控加工工序过程的具体描述。由于数控加工工序一般均穿插于零件加工的整个工艺过程中间,因此,要注意它与普通加工工艺的衔接。

拟订数控车削加工路线的主要内容包括:选择各加工表面的加工方法,划分加工阶段,划分工序,安排工序的先后顺序,走刀路线及切削用量等。

1. 加工工序的划分

根据数控车床加工零件的特点,应按工序集中的原则划分工序,即在一次装夹下尽可能完成大部分甚至全部表面的加工。

(1)以一次装夹加工作为一道工序。这种方法适合于加工内容不多的零件。

(2)以同一把刀具加工的内容划分工序。对于有些工件虽然能在一次装夹中加工出很多待加工表面,但由于考虑到程序太长,会受到某些连续工作制的限制、系统检索困难等因素的限制,因此,可将一个程序中一把刀具加工的内容划分为一道工序。

(3)以加工部位划分工序。对于加工内容很多的工件,可按其结构特点将加工部位分成几个部分,划分几道工序。

（4）以装夹次数划分工序。以每一次装夹完成的那部分工艺过程作为一道工序，这种划分适合于加工内容不多的零件。

（5）以粗、精加工划分工序。为了保证切削加工质量、延长刀具的使用寿命，工件的加工余量往往不是一次车削的，而是逐渐减少背吃刀量切除的，尤其对于易发生加工变形的零件，由于粗加工后可能发生变形而需要校形，因此，一般来说，凡要进行粗、精加工的零件都要将工序分开。

2. 加工顺序的确定

在数控车床加工过程中，由于加工对象复杂多样，特别是轮廓曲线的形状及位置千变万化，加上材料不同、批量不同等多方面因素的影响，再结合零件的结构与毛坯状况、定位安装与夹紧的需要来综合考虑，重点是保证零件的刚度不被破坏，尽量减少变形。只有这样，才能使所制订的加工顺序合理，从而达到质量优、效率高和成本低的目的。制订零件车削加工顺序一般遵循以下原则：

（1）基面先行。用作精基准的表面，应优先加工。因为定位基准的表面越精确，装夹误差就越小，所以任何零件的加工过程，总是首先对定位基准面进行粗加工和半精加工，必要时，还要进行精加工。如图 5-1 所示，轴零件由于是以 φ40 mm 外圆为同轴度的基准，因此应首先加工该外圆，然后再调头加工其他表面。再如，轴类零件一般总是先加工中心孔，再以中心孔为定位精基准加工外圆表面和端面；齿轮类零件总是先加工内孔及基准面，再以内孔及基准面作为定位精基准加工齿形面。

（2）先近后远。一般情况下，对于内腔零件应先加工离刀架近的部位，以便打开出屑空间为深处加工出屑提供便利。而且还有利于保持坯件的刚性。如图 5-2 所示为套类零件，该件加工应先从加工右端内锥体开始，然后再加工 φ32 mm 内孔，最后加工 φ24 mm 内孔。

图 5-1　轴类零件　　　　　　　图 5-2　套类零件

（3）先粗后精。为了提高生产效率并保证零件的精加工质量，在切削加工过程中，应先安排粗加工工序，在较短的时间内，将精加工前大量的加工余量去除掉，同时尽量满足精加工的余量均匀性要求。当粗加工后所留余量的均匀性满足不了精加工要求时，应安排半精加工作为过渡性工序，以便使精加工余量小而均匀。精加工时，零件的最终轮廓应连续加工完成，如图 5-3 所示。先利用复合循环指令将整个零件的大部分余量粗车切除，再将表面沿轮廓连续精车一次，以此来保证零件的加工精度和表面粗糙度的要求。

（4）内外交替。对于既有内型腔又有外表面加工的回转类零件，若零件壁较厚，刚性相对较好，可以按照先粗后精的加工顺序进行加工；若零件壁较薄，也就是薄壁零件，为了防止零件变形，保证尺寸精度,则应先进行内、外表面粗加工后,再进行内、外表面交替精加工。薄壁件如图5-4所示,当右端内孔粗车完后,按图示所标"1~4"顺序进行交替精车。

 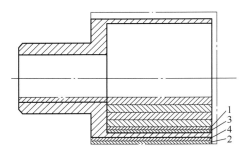

图 5-3　零件的粗、精加工顺序　　　　图 5-4　薄壁件的内外交替加工顺序

（5）先主后次。先安排零件的装配基面和工作表面等主要表面的加工,从而能及早发现毛坯中主要表面可能出现的缺陷;次要表面可穿插进行,放在主要加工表面加工到一定程度后,最终精加工之前进行。

（6）先内后外。即先以外圆定位加工内孔,再以内孔定位加工外圆,这样可以保证高的同轴度要求。

（7）保持工件刚度。在零件有多处需要加工时,应先加工对零件刚性破坏较小的部位,以保证零件的刚度要求。因此,应该先加工与装夹部位距离较远和在后续加工中不受力或受力较小的部位。

数控车削加工工艺路线的拟订是下一步工序设计的基础,设计质量将直接影响零件的加工质量与效率,设计工艺路线时应对毛坯图、零件图详细分析,并结合数控加工的特点,把数控加工工艺设计的更加合理。

 拓展延伸

> 数控加工工序一般都穿插于零件加工工艺过程的中间,因此,在工序安排过程中一定要兼顾普通常规工序的安排,使之与整个工艺过程协调吻合。否则衔接不好就会出现矛盾,较好的解决办法是建立工序间的状态要求,如要不要预留加工余量、定位面与孔的精度要求、形位公差、热处理要求等,都需前后兼顾统筹衔接。

5.2　数控车削加工工序的设计

数控加工工序的设计的主要任务是进一步把加工内容、刀具运动的轨迹及进给路线、工件的定位、夹紧方式、切削用量、工艺装备等确定下来,为编制加工程序做好准备。

5.2.1　刀具进给路线的确定

刀具刀位点相对于工件的运动轨迹和方向称为进给路线,即刀具从起刀点开始,直至加工结束所经过的路径,包括切削加工的路径,刀具切入、切出等空行程。

在数控加工工艺过程中,刀具时刻在数控系统的控制下,因而每一时刻都应该有明确的运动轨迹及位置。走刀路线是编写程序的依据,因此在确定进给路线时,应画工序简图,以便于程序的编写,工步的划分与安排,一般可随进给路线来进行。进给路线的确定,首先必须保证被加工零件的尺寸精度和表面质量,其次考虑简化数值计算、缩短走刀路线、提高效率等因素。因为精加工的进给路线基本上都是沿其零件轮廓顺序进行的,因此,确定进给路线的工作重点是确定粗加工及空行程的进给路线。下面将具体分析:

1. 刀具的切入、切出走刀路线

在数控机床上进行加工时,要安排好刀具的切入、切出路线,尽量使刀具沿轮廓的切线方向切入、切出。在车螺纹时,必须设置升速段 L_1 和降速段 L_2,如图 5-5 所示。这样可避免因车刀升降速而影响螺距的稳定性,防止车出不完全螺纹。一般情况 L_1 取 2~5 mm L_2 取 1 mm。

当退刀槽比较窄时,取值要考虑螺纹退刀时螺纹刀是否和工件退刀槽发生干涉;当使用顶尖车削螺纹时,L_1 的取值也要考虑螺纹车刀是否与顶尖发生干涉等现象。

图 5-5 车螺纹时的引入升速段和降速段

2. 确定最短的进给走刀路线

切削进给走刀路线短,可有效地提高生产效率,降低刀具损耗等。在安排粗加工或半精加工的切削进给路线时,应同时兼顾到被加工零件的刚性及加工的工艺性等要求。

(1)合理设置起刀点。采用矩形循环方式,进行粗车外圆的一般走刀路线。

图 5-6(a)所示为换刀点与起刀点重合走刀路线,其起刀点 A 的设定是考虑到精车等加工过程中需方便地换刀,故设置在离坯料较远的位置处,同时将起刀点与其换刀点重合在一起,按五刀粗车的走刀路线安排如下:

第一刀为 A→B→D→C→A

…………

第五刀为 A→E→F→G→A

图 5-6(b)所示为巧用起刀点与换刀点分离,并设于图示 B 点位置,仍按相同的切削用量进行五刀粗车,其走刀路线安排如下:起刀点与换刀点分离的空行程为 A→B……

(a)换刀点与起刀点重合走刀路线   (b)起刀点与换刀点分离走刀路线

图 5-6 合理设置起刀点

（2）合理设置换刀点。换刀时刀架远离工件的距离只要能保证换刀时刀具不和工件发生干涉即可。

（3）合理安排"回零"路线。在手工编制较为复杂的加工程序时，为了避免与消除机床刀架反复移动进给时产生的积累误差，刀具每加工完后要执行一次"回零"，操作时在不发生干涉的前提下，应采用 X、Z 坐标轴双向同时"回零"最短的路线指令。

3. 轮廓粗车进给路线

在确定粗车进给路线时，根据最短切削进给路线的原则，同时兼顾工件的刚性和加工工艺性等要求，来选择确定最合理的进给路线。

图5-7（a）所示表示利用数控系统具有的封闭式复合循环（又称仿形循环，适合铸锻件毛坯）功能而控制车刀沿着工件轮廓进行走刀的路线。

图5-7（b）所示为利用其程序单一固定循环功能安排的"三角形"走刀路线。

图5-7（c）所示为利用其棒料粗车复合循环功能安排的"矩形"走刀路线。

（a）沿工件封闭轮廓走刀　　　（b）"三角形"走刀　　　（c）"矩形"走刀

图5-7　轮廓粗车进给路线

通过对以上三种切削进给路线，经分析和判断后可知矩形走刀进给路线的长度总和最短。因此，在同等条件下，其切削所需时间（不含空行程）为最短，刀具的损耗最小。另外，棒料复合循环加工的程序段格式较简单，所以这种进给路线的安排，在制定加工方案时应用较多，但矩形循环粗车后的精车余量不够均匀。

4. 大余量铸、锻件毛坯阶梯切削进给路线

大余量铸、锻件毛坯阶梯切削进给路线，如图5-8所示。粗车采用沿轴向顺序车削。

（a）阶梯车削所留余量不均匀　　　（b）阶梯车削所留余量均匀

图5-8　大余量铸、锻件毛坯件的阶梯切削进给路线

图 5-8(a)所示为车削所留余量不均匀的错误的阶梯切削路线,在这种情况下再精车时,主切削刃受到瞬时的重负荷冲击,不仅影响工件表面质量,而且也影响到刀具的使用寿命。

图 5-8(b)所示为车削所留余量均匀的阶梯切削路线。

根据数控车床加工的特点,如果毛坯形状的加工余量为圆弧形,一般可不采用阶梯进给路线,常采用沿圆弧方向切削切除加工余量的方法。

5. 特殊进给路线

(1)切断刀的特殊进刀加工。利用切断刀可以完成倒角、梯形槽、长圆弧槽的各种精加工,如图 5-9 所示。注意用切断刀车削之前必须用 35°外圆车刀荒车,如图虚线为荒车路线。而后用切断刀精车。

图 5-9(a)所示为车削长圆弧槽时进刀路线图,车削时刀具应先贴近工件外径,如果以左刀尖对刀轴向移动进刀时,到切削点位置应加上刀宽距离为编程尺寸,即用右刀尖车右圆弧。长圆弧槽中间平走刀的轴向距离为零件中间轴向长度减去刀宽距离为编程尺寸,用左刀尖车左圆弧。

图 5-9(b)所示为车削梯形槽时进刀路线图,具体方式参照长圆弧槽的车削方法。

(a)切削长圆弧槽时进刀路线　　　　　(b)切削梯形槽时进刀路线

图 5-9　切断刀的特殊进刀加工切削进给路线

 相关链接

在数控车床上切槽刀加工,如果刀宽等于要求加工的槽宽,则切槽刀一次切槽到位,若以较窄的切槽刀加工较宽的槽,则应分多次切入。合理的切削路线是:先切中间,再切左右两刀,因为先切中间时,刀刃两侧的负荷均等,后面的两刀,一刀是左侧负荷重,一刀是右侧负荷重,刀具的磨损还是均匀的。

(2)由车床机械装置决定进刀路线。在数控车削加工中,一般情况下,"Z"坐标轴方向的进给运动都是沿着负方向进给的,但有时按常规的负方向安排进给路线并不合理,甚至可能车坏工件。例如,当采用尖形车刀加工大圆弧内表面零件时,安排两种不同的进给路线。图 5-10(a)所示为内腔轴向正方向进刀加工;图 5-10(b)所示为内腔轴向负方向进刀加工,两种进刀方式不同,其结果也不同。

如图 5-11 所示,沿内腔轴向正方向进刀加工,即沿着正"Z"向走,吃刀抗力沿负"X"向作用时。当尖刀运动到圆弧的换象限处时,"X"向吃刀抗力 P_X 方向与横拖板传动力方向相反,即使滚珠丝杠螺母副存在机械传动反向间隙,不会产生扎刀现象,因此,这是一种合理的走刀进给路线。

（a）内腔轴向正方向进刀加工　　　（b）内腔轴向负方向进刀加工

图 5-10　内腔轴向正、反两个方向进刀加工示意图

如图 5-12 所示,沿内腔轴向负方向进刀加工,即沿着负"Z"向作用时。当刀尖运动到圆弧的换象限时,"X"向吃刀抗力 P_X 方向与横拖板传动力方向一致,若滚珠丝杠螺母副有机械传动反向间隙,就可能使刀尖嵌入工件表面造成扎刀现象,从而大大降低零件的表面质量。

图 5-11　合理进给方式

图 5-12　扎刀

相关链接

　　确定走刀路线的重点:主要用于确定粗加工及空行程的走刀路线,因为精加工切削过程的走刀路线基本上都是沿其零件轮廓顺序进行的。在保证加工质量的前提下,使加工程序具有最短的走刀路线,不仅可以节省整个加工过程的执行时间,还能减少一些不必要的刀具消耗及机床进给机构滑动部件的磨损等。

5.2.2　车削加工路线的选择原则与优化

　　确定加工路线的主要任务是粗加工及空行程的走刀路线,因为精加工一般是沿零件的轮廓走刀的。

1. 常用加工路线选择原则

（1）首先按已定工步顺序确定各表面加工进给路线的顺序。

（2）寻求最短加工路线,减少空走刀时间,提高加工效率。

（3）选择加工路线时应使工件加工变形最小,对横截面积小的细长零件或薄壁零件,应采用分几次走刀或对称去余量法安排进给路线。

（4）数控车削加工过程一般要经过循环切削,所以要根据毛坯的具体情况确定循环切削的进

给量、背吃刀量,尽量减少循环走刀次数以提高效率。

(5)轴类零件安排走刀路线的原则是,轴向走刀、径向进刀,循环切削的终点在粗加工起点附近,可减少走刀次数,避免不必要的空走刀。

(6)盘类零件安排走刀路线的原则是,径向走刀、轴向进刀,循环切削的终点在起点附近,编制盘类零件程序与轴类零件相反。

(7)铸锻件毛坯形状与加工后零件形状相似,留有一定的加工余量。一般可采用封闭轮廓循环指令切削加工,这样可提高效率。

2. 常用车削加工路线的优化

(1)轴类成形表面的加工路线。

轴类零件(长 L 与直径 D 之比 $L／D \geq 1$ 的零件)采用 Z 坐标方向切削加工,X 方向进刀、退刀的矩形循环进给路线,在数控车床上加工轴类零件方法是,遵循“先粗后精,先大后小”的基本原则。先对零件进行整体粗加工,然后再半精加工、精加工。

在车削零件时,先从大径处开始车削,然后依次往小直径处进行加工。在数控机床上精加工轴类零件时,一般从右端开始连续不断地完成整个零件的切削。

(2)盘类成形零件表面的加工路线。

盘类零件(长 L 与直径 D 之比 $L／D \leq 1$ 的零件)采用径向切削加工,轴向进刀、退刀的封闭循环进给路线。

(3)余量分布较均匀的铸、锻件表面的加工路线。

按零件形状逐渐接近最终尺寸指令(封闭轮廓循环指令或子程序)采用“剥皮式”进给路线进行加工。

 相关链接

对轴类或盘类零件,将待加工面留足精车余量后粗车,对轴上有槽、螺纹的工件,应先加工表面,再加工槽和螺纹。先将整个零件的大部分余量切除,再精车。精加工时,零件的最终轮廓应连续加工完成。避免在连续的轮廓中安排切入、切出、换刀及停顿,以免因切削力突然变化而造成弹性变形,致使光滑连接的轮廓上产生表面划伤、形状突变或滞留刀痕等缺陷。

5.2.3 数控车削刀具的选用

刀具的选择是数控加工工艺的重要内容之一。它不仅影响机床的加工效率,而且直接影响其加工质量。选择刀具通常要考虑机床的加工能力、工序内容、工件材料等因素。数控刀具要求精度高、刚性好、装夹调整方便,切削性能强、耐用度高。合理选用既能提高加工效率,又能提高产品质量。为减少换刀时间和方便对刀,应尽可能多的采用机夹刀。

(1)对数控车削刀具的要求。虽然数控车刀与普通车床采用的刀具基本相同,但数控加工对刀具的要求更高。具体表现在:刚度好、强度高以适应粗加工时的大背吃刀量和大进给量;高精度以适应数控加工的精度和自动换刀要求;较高的可靠性和耐用度保证加工质量和提高生产率;为使机床正常运转应具有好的断屑和排屑性能;刀具安装调整方便、选用优质刀具材料等。

(2)对数控车削刀具的选用。数控车床在单件加工时,同一把刀具能兼作粗、精加工,因此,应选用强度高、耐磨性好的刀具,以保证精加工后的尺寸精度要求。此外,为减少换刀时间和方便对刀,应尽可能采用机夹可转位刀具。目前,数控车床普遍采用的是硬质合金机夹刀具和高速钢刀具。

5.3 数控车削加工质量控制

为了提高数控车削加工的质量和精度,在进行加工时,可以采用多种方法来提高质量。

加工精度是加工后零件表面的实际尺寸、形状、位置三种几何参数与图纸要求的理想几何参数的符合程度。理想的几何参数,对尺寸来说,就是平均尺寸;对表面几何形状来说,就是绝对的圆、圆柱、平面、锥面和直线等;对表面之间的相互位置来说,就是绝对的平行、垂直、同轴、对称等。零件实际几何参数与理想几何参数的偏离数值称为加工误差。

1. 机械加工精度

机械加工精度是指零件加工后的实际几何参数(尺寸、形状和位置)与理想几何参数相符合的程度。它们之间的差异称为加工误差。加工误差的大小反映了加工精度的高低。误差越大加工精度越低,误差越小加工精度越高。加工精度包括三个方面内容:

(1)尺寸精度。加工后零件的实际尺寸与零件尺寸的公差带中心的相符合程度。

(2)形状精度。加工后的零件表面的实际几何形状与理想的几何形状的相符合程度。

(3)位置精度。加工后零件有关表面之间的实际位置与理想位置相符合程度。

2. 机械加工精度的保证方法

在数控车削加工中,为了保证尺寸精度,可以有以下方法:

(1)自动控制法。自动控制法由测量装置、进给装置和控制系统等组成。它是把测量、进给装置和控制系统组成一个自动加工系统,加工过程依靠系统自动完成。尺寸测量、刀具补偿调整和切削加工以及机床停车等一系列工作自动完成,自动达到所要求的尺寸精度。例如,在数控机床上加工时,零件就是通过程序的各种指令控制加工顺序和加工精度。目前广泛采用按加工要求预先编排的程序,由控制系统发出指令进行工作的程序控制机床(简称程控机床)或由控制系统发出数字信息指令进行工作的数字控制机床(简称数控机床),以及能适应加工过程中加工条件的变化,自动调整加工用量,按规定条件实现加工过程最佳化的适应控制机床进行自动控制加工。

(2)零件试切法。即先试切出很小部分加工表面,测量试切所得的尺寸,按照加工要求适当调整刀具切削刃相对工件的位置,再试切,再测量,如此经过两三次试切和测量,当被加工尺寸达到要求后,再切削整个待加工表面。试切法通过"试切→测量→调整→再试切",反复进行直至达到要求的尺寸精度为止。试切法达到的精度可能很高,它不需要复杂的装置,但这种方法费时(需做多次调整、试切、测量、计算),效率低,依靠操作者的技术水平和计量器具的精度,质量不稳定,所以只用于单件小批生产。

数控加工中也可以采用试切法的原理,即试切测量后改变数控加工中的参数,如刀具补偿等来提高精度。

为提高尺寸精度在进行数控加工中可以利用多种方法相结合,在加工过程中也可以调整转速、进给速度等参数。

小 结

一、数控车削加工顺序的确定

在数控车床加工过程中,由于加工对象复杂多样,特别是轮廓曲线的形状及位置千变万化,加上受材料不同、生产批量不同等多方面因素的影响,因此,在对具体零件制订加工顺序时,应该进行具体分析和区别对待、灵活处理。只有这样,才能使所制订的加工顺序更为合理,从而达到优质、高效和成本低。

二、加工方法的选择

在数控车床上,能够完成内、外圆表面的车削、钻孔、铰孔和车螺纹等加工,具体选择时应根据零件的加工精度、表面粗糙度、材料、结构形状,以及生产类型等因素,选择相应的加工方法,数控车削加工具体方法如下表。

加工方法	尺寸公差等级范围	加工目的	加工方法
粗加工	IT12~IT11、$Ra25~12.5$	从毛坯上切除多余材料,使其接近零件形状	粗车、粗镗、钻孔等
半精加工	IT10~IT9、$Ra6.3~3.2$	进一步提高精度和降低 Ra 值,并留下合适的加工余量	半精车、半精镗、扩孔
精加工	一般精加工 IT8~IT7、$Ra1.6~0.8$	使一般零件的主要表面达到规定的精度和粗糙度要求,或为更高要求主要表面进行精密加工做准备	精车、精镗、粗磨粗铰等
	精密精加工 IT6~IT5、$Ra0.8~0.2$		精磨、精铰、精拉等
精密加工	IT5~IT3、$Ra0.1~0.08$	进一步提高精加工和减少粗糙度 Ra 值(又称光整加工)	研磨、珩磨、超精加工抛光等
超精密加工	高于 IT3、$Ra0.012$ 或更低	比精密加工更高的亚微米加工、只用于加工极个别的精密零件	金刚石刀具切削、超精密研磨和抛光等

三、刀具进给路线的确定

刀具刀位点相对于工件的运动轨迹和方向称为进给路线,即刀具从起刀点开始运动起,直至加工结束所经过的路径,包括切削路径及刀具的切入、切出的路径等。

加工路线的确定首先必须保证被加工零件的尺寸精度和表面质量,其次考虑数值计算简单、走刀路线尽量短、效率较高等。

因精加工的进给路线基本上都是沿其零件轮廓顺序进行的,因此,确定进给路线的重点是确定粗加工及空行程的进给路线。

四、数控车削加工工艺

(1)在对零件图进行分析并确定好数控机床以后,就要确定零件的装夹定位方式、加工路线,如对刀点、换刀点、进刀退刀路线、刀具及切削用量等工艺参数(包括进给速度、主轴转速、背吃刀量等)。

（2）数控车削加工背吃刀量一般选取量如下：

加工顺序	粗加工	半精加工	精加工
背吃刀量	1~2 mm	留有 0.6 mm 左右	留有 0.4 mm 左右

（3）对于要求较小表面粗糙度值的零件，要分别进行半精加工与精加工。对于要求不高时粗加工留有 0.5 mm 左右的加工余量，半精加工与精加工合二为一，一次完成，精加工直接形成产品的最终尺寸精度和表面粗糙度。

（4）刀具、夹具的选用：

①刀具的选择，粗车时，选用强度高、耐磨性好的刀具，以保证精度要求。此外，为减少换刀时间和方便对刀，应尽可能采用机夹刀和机夹刀片。

②夹具的选择，一是要保证夹具的坐标方向相对固定；二是要协调工件和机床坐标系的尺寸关系。

（5）数控加工中可以采用试切法或自动控制法来保证零件的加工精度。

复习题

一、填空题

1. 数控加工工序的设计的主要任务是进一步把_____、_____、_____、_____、_____、_____、_____等确定下来，为编制加工程序做好准备。

2. 确定加工路线的主要任务是_____及_____路线。

3. 零件机械加工的工艺路线是指零件生产过程中，由_____到_____所经过的工序先后顺序。

4. 在数控加工中，刀具刀位点相对于工件运动的轨迹称为_____路线。

5. 走刀路线是指加工过程中，_____相对于工件的运动轨迹和方向。

6. 在零件的机械加工工艺过程中，合理地选择_____对保证工件的_____和_____有重要的作用。

二、选择题

1. 采用下列哪种措施，不一定能缩短走刀路线的是（　　）。
   A. 减少空行程　　　　　　　　　　B. 缩短切削加工路线
   C. 缩短换刀路线　　　　　　　　　D. 减少程序段

2. 合理选择换刀点，可以实现（　　）的优点。
   A. 便于零件的测量安装　　　　　　B. 便于提高零件的表面质量
   C. 便于坐标的计算　　　　　　　　D. 减少切削时间

3. 加工精度高、（　　）、自动化程度高，劳动强度低、生产效率高等是数控机床加工的特点。
   A. 加工轮廓简单、批量生产又特别大的零件
   B. 对加工对象的适应性强
   C. 装夹困难或必须依靠人工找正、定位才能保证其加工精度的单件零件

D. 适于加工余量特别大、材质及余量都不均匀的坯件

4. 编写数控加工工序时,采用一次装夹工位上多工序集中加工原则的主要目的是(　　　)。

    A. 减少换刀时间　 B. 减少空运行时间

    C. 减少重复定位误差　 D. 简化加工程序

5. 刀具的选择主要取决于工件的结构、工件的材料、工序的加工方法和(　　　)。

    A. 设备　 B. 加工余量

    C. 加工精度　 D. 工件被加工表面的粗糙度

6. 在数控加工中,选择刀具时一般应优先采用(　　　)。

    A. 标准刀具　 B. 专用刀具

    C. 复合刀具　 D. 都可以

7. 先在钻床上钻孔,再到镗床上对同一个孔进行镗孔,将这个过程称为(　　　)。

    A. 两个工步　 B. 两道工序

    C. 两次走刀　 D. 一道工序两个工步

三、判断题

1. 数控加工应尽量选用组合夹具和通用夹具装夹工件。避免采用专用夹具。(　　　)

2. 进给路线的确定一是要考虑加工精度,二是要实现最短的进给路线。(　　　)

3. 机床的进给路线就是刀具的刀尖或刀具中心相对机床的运动轨迹和方向。(　　　)

4. 加工零件在数控编程时,首先应确定数控机床,然后分析加工零件的工艺特性。(　　　)

5. 数控加工中心的工艺特点之一就是"工序集中"。(　　　)

6. 同一工件,无论用数控机床加工,还是用普通机床加工,其工序都一样。(　　　)

7. 零件图中的尺寸标注要求是完整、正确、清晰、合理。(　　　)

8. 加工路线的正确与否直接影响到被加工零件的精度和表面质量。(　　　)

9. 确定走刀次数的多少主要依据的是工件的尺寸。(　　　)

10. 数控车床加工过程中一般遵循先粗后精的原则。(　　　)

四、简答题

1. 工艺分析包括哪些内容?对零件材料,件数的分析有何意义?

2. 确定加工工序的常见方法有哪些?

3. 确定数控机床加工路线的原则是什么?

4. 数控加工工序卡主要包括哪些内容?与普通加工工序卡有什么区别?

5. 制订零件车削加工常用顺序一般遵循哪些原则?

6. 制订数控车削加工工艺方案时应遵循哪些基本原则?

7. 在数控机床上按"工序集中"原则组织加工有何优点?

第6章
数控车削加工工艺的应用

学习目标

➤ 掌握轴类、套类和盘类零件数控车削工艺分析与加工方法。

➤ 熟悉偏心、异形、薄壁及组合零件的工艺分析与刀具参数的选择。

➤ 会编写复杂零件的数控加工工艺。

数控车削零件在机械加工中所占有的比例大约在 50% 以上，数控车削加工工艺合理的编制对实现零件的安全、优质、高效、经济的加工具有极为重要的作用。这里主要介绍包括机床、刀具、夹具、走刀路线及切削用量的选用等。只有选择合理恰当的工艺参数及切削方法才能获得满意的加工效果。

6.1 轴、套及盘类零件的车削加工工艺

6.1.1 轴类零件车削加工工艺

1. 零件工单

轴类零件如图 6-1 所示。材料:45 钢、毛坯:$\phi40$ mm×102 mm,单件生产。

2. 图样分析

从图样上看出该零件表面由倒角、外螺纹、退刀槽、外圆柱面、外圆弧面等组成,其中多个表面在直径尺寸方面都有较高的尺寸精度要求。

零件图尺寸标注完整,符合数控加工尺寸标注。毛坯 $\phi40$ mm×102 mm 圆棒料、材料 45 钢,切削加工性能较好,无热处理和硬度要求,左、右端面均为尺寸设计基准;无形位公差要求,表面粗糙度为 $Ra3.2$ μm,可通过粗精加工来保证。对于尺寸精度要求,主要通过准确对刀、正确设置刀补及设置磨耗和正确制订合适的加工工艺来保证。

零件图样上带公差的直径尺寸为 $\phi34_{-0.030}^{0}$ mm、$\phi26_{-0.021}^{0}$ mm、$\phi30_{-0.021}^{0}$ mm,可取基本尺寸编程,在后续加工时通过调整刀补尺寸获得零件的尺寸精度。但需要留有足够的精加工余量,否则粗加

工后零件某些尺寸可能小于零件图纸的尺寸使加工工件报废,表面粗糙度可通过外表面精加工获得,长度尺寸(98±0.24)mm,可通过第二次装夹后车端面获得。

图 6-1 轴类零件

3. 工艺准备

(1)刀具选用。该零件为单件生产,选 45°端面刀、粗、精加工可使用同一把刀具,外圆刀选用刀尖角为 35°的菱形(V 形)刀片,取刀具圆弧半径为0.4 mm、选刀宽为 4 mm 的机夹切槽刀、选刀尖角为 60°机夹外螺纹刀,加工所需数控可转位机夹刀具如图 6-2 所示。

(a)45°端面刀　(b)35°菱形外圆刀　(c)切槽刀　(d)外螺纹刀

图 6-2 加工所需数控机夹刀具

数控加工刀具卡见表 6-1。

表 6-1 数控加工刀具卡

序号	刀具号	刀具规格名称	刀具补偿量		刀杆规格/mm	备注
			刀位点	半径值地址(D)		
1	T04	45°端面刀	刀尖圆弧圆心	—	20×20	手控
2	T01	35°菱形外圆粗、精车刀	刀尖圆弧圆心	0.4	20×20	自动
3	T02	切槽刀(刀宽4 mm)	左刀尖	—	20×20	自动
4	T03	外螺纹刀	刀尖	—	20×20	自动

（2）量具选用 0~25 mm 外径千分尺、25~50 mm 外径千分尺、0~150 mm 游标卡尺 M16×1.5 螺纹环规。

4. 工艺分析

（1）编程原点与换刀点的确定。根据编程原点的确定原则，该工件的编程原点设定在加工完成后左、右端面与主轴轴线的交汇点上，两次装夹换刀点选在 X100、Z100 处。

（2）制订加工方案。本例采用两次装夹后完成粗、精加工的加工方案。

左端加工：左端面在左端毛坯 2 mm 位置车端面后，开始车削加工到 $\phi34_{-0.030}^{0}$ mm 结束，左端工件加工总长度控制在 45 mm 左右结束。

右端加工：车右端面保证总长度（98±0.24）mm，外轮廓加工到 R60 mm 圆弧结束处。

（3）工艺流程卡见表 6-2。

表 6-2 工艺流程卡

工序号	工序内容	工序简图
1	（1）夹持 $\phi40×102$ 毛坯，工件伸出卡盘外 50 mm、车端面 （2）用外圆刀粗、精加工左端 C1.5 倒角、$\phi26$ 外圆、$\phi26~\phi30$ 圆环面 $\phi34$ 外圆	
2	（1）调头垫铜皮装夹工件左端以 $\phi26$ 外圆台阶定位，用端面刀车削右端面、保证工件总长度（98±0.24）mm （2）用外圆刀粗、精加工右端外轮廓面 （3）用切槽刀加工外槽 4×2 mm （4）车削螺纹 M16×1.5 （5）卸件	

（4）确定加工参数。根据工件表面尺寸精度要求、刀具材料、工件材料以及机床的刚性，参考机械加工手册，背吃刀量的选择因粗、精加工而有所不同。粗加工时，在工艺系统刚性和机床功率允许的情况下，尽可能取较大的背吃刀量。本例选 1.5 mm，以减少进给次数；精加工时，为保证零件表面粗糙度要求，背吃刀量一般取 0.5 mm 较为合适。

（5）数控加工工艺卡见表6-3。

表6-3　数控加工工艺卡

零件的名称		机床型号			零件图号			共　　页		
工序		工序名称			程序编号		备注			
工步号	作 业 内 容			刀具号	刀具名称	主轴转速/（r/min）	进给速度/（mm/r）	背吃刀量/mm		
	左端加工									
1	手动加工左端面			T04	端面刀	800	0.8	手控		
2	手动对刀（外圆刀 Z=0）			T01	外圆刀	1 200	0.6	手控		
3	自左向右粗加工左端外轮廓			T01	外圆刀	1 000	0.8	1.5		
4	自左向右精加工左端外轮廓					1 800	0.4	0.5		
5	工件左端精度检验									
	右端加工									
1	调头手动加工右端面［切长度（98±0.24）mm］				端面刀	800	0.6	手控		
2	手动对刀（外圆刀、外槽刀、外螺纹刀 Z=0）					800	0.6	手控		
3	自右向左粗加工右端外轮廓（轮廓车削）			T01	外圆刀	1 000	0.8	1.5		
4	自右向左精加工右端外轮廓（轮廓车削）					1 800	0.4	0.5		
5	切槽（4×2）			T02	切槽刀	800	0.06	4		
6	车削外螺纹（M16×1.5）			T03	螺纹刀	700	1.5	分层		
7	工件整体精度检验									

6.1.2　套类零件车削加工工艺

1. 零件工单

套类零件如图6-3所示。材料:45钢,毛坯:$\phi85$ mm×85 mm,单件生产。

2. 图样分析

从零件图可以看出,该零件是一个空心对称结构由内、外表面、内锥面、内槽、内螺纹及外圆弧等组成。

外表面在直径尺寸方向都有较高的尺寸精度 $\phi80_{-0.035}^{0}$ mm、$\phi50_{-0.035}^{0}$ mm、$\phi60_{-0.035}^{0}$ mm 和形位公差圆跳动度、垂直度要求,另外还有总长度（80±0.25）mm、内螺纹 M30×1.5 及两处表面粗糙度 $Ra1.6$ μm要求。

零件图尺寸标注完整,符合数控加工尺寸标注。零件毛坯材料为 $\phi85$ mm×85 mm 圆棒料、材料45钢,切削加工性能较好,无热处理和硬度要求;右端面为尺寸设计基准,单件生产。

3. 工艺准备

（1）刀具选用:根据加工内容所选刀具如图6-4所示。

数控加工刀具卡见表6-4。

图 6-3　套类零件

（a）端面刀　　（b）90°菱形外圆刀　　（c）内孔刀　　（d）内槽刀

（e）中心钻　　　（f）内螺纹刀　　　　（g）钻头

图 6-4　加工所需数控机夹刀具

表 6-4　数控加工刀具卡

序号	刀具号	刀具规格名称	刀具补偿量		刀杆规格/mm	备注
			刀位点	半径值地址（D）		
1	—	中心钻（B3.15/10）	—	—	—	手控
2	—	钻头 φ24 mm	钻尖	—	—	手控
3	T04	45°端面刀	刀尖圆弧圆心	—	20×20	手控
4	T01	90°外圆粗、精车刀	刀尖圆弧圆心	0.4	20×20	自动

序号	刀具号	刀具规格名称	刀具补偿量		刀杆规格/mm	备注
			刀位点	半径值地址(D)		
5	T02	粗、精内孔刀	刀尖圆弧圆心	0.2	(配刀座)	自动
6	T03	内槽刀 $\phi20$mm	左刀尖	—	(配刀座)	自动
7	T04(换)	内螺纹车刀	刀尖	—	(配刀座)	自动

（2）量具选用：50~75 mm 外径千分尺、75~100 mm 外径千分尺、0~150 mm 游标卡尺、M30×1.5 内螺纹塞规、磁性座百分表。

4.工艺分析

（1）编程原点与换刀点的确定。根据编程原点的确定原则，该工件的编程原点设定在加工完成后左、右端面与主轴轴线的交汇点上；两次装夹换刀点选在 X100、Z100 处。

（2）对于长度及三项外径尺寸精度要求，主要通过在零件加工过程中的端面试切及准确对刀、正确设置刀补、磨耗，及正确制订合适的加工工艺等措施来保证。

（3）对于形位公差要求，基准为外圆 $\phi50_{-0.035}^{0}$ mm 轴心线 A 对外圆 $\phi80_{-0.035}^{0}$ mm 的圆跳动度公差为 0.03 mm 和对左端面的垂直度公差为 0.02 mm 这两项形位公差，主要通过工件调头后采用百分表找正并调整机床的机械精度，制订合理的加工工艺及工件的装夹、定位等措施来保证。

对于表面粗糙度 $Ra1.6$ μm 主要通过选用合理的刀具及其几何参数，正确的粗、精加工路线，合理的切削用量及冷却等措施来保证。

（4）制订加工方案与加工路线。本例采用两次装夹后完成粗、精加工的加工方案，先加工左端内腔、外轮廓，完成粗、精加工后，再调头加工右端内腔、外轮廓。由于粗加工余量较大，因此，粗车采用复合循环指令进行编程，以简化程序的编制。

（5）工艺流程卡见表 6-5。

表 6-5　工艺流程卡

工序号	工序内容	工序简图
1	（1）夹持 $\phi85$ mm 毛坯，使工件伸出卡盘外 40 mm 左右，钻中心孔和 $\phi24$ mm 通孔 （2）用内镗刀粗、精加工内腔表面 （3）切内退刀槽 （4）车削 M30×1.5 内螺纹 （5）用外圆刀粗、精加工左端外圆保证尺寸精度长度 40 mm 左右	

115

第 6 章　数控车削加工工艺的应用

工序号	工序内容	工序简图
2	（1）调头垫铜皮装夹右端 $\phi 80$ 外圆车右端面保证总长度 (80 ± 0.25) mm （2）用内镗刀粗、精加工内腔 （3）用90°外圆刀粗、精加工右端外轮廓保证尺寸精度并与左端实现无痕连接	

（6）确定加工参数。参考机械加工手册，背吃刀量的选择因粗、精加工而有所不同。在机床工艺系统刚性和机床功率允许的情况下，粗加工时，背吃刀量内、外均取 1.2 mm，以减少进给次数；精加工时，为保证零件表面粗糙度要求，背吃刀量内、外均取 0.4 mm。

（7）数控加工工艺卡见表6-6。

表6-6　数控加工工艺卡

数控加工工艺卡		机床型号		零件图号			共　页	
单位		产品名称		零件名称			第　页	
工序		工序名称		程序编号		备注		
工步号	作业内容		刀具号	刀具名称	主轴转速/ (r/min)	进给速度/ (mm/r)	背吃刀量/ mm	
	左端加工							
1	手动加工左端面		T04	端面刀	1 500	0.6	手控	
2	钻中心孔		—	—	—	—	手控	
3	手动钻 $\phi24$ mm 通孔		—	钻头	800	0.7	手控	
4	手动对刀（内孔刀、槽刀、外圆、螺纹刀 $Z=0$）		—	—	1 500	0.5	手控	
5	粗加工左端内轮廓（矩形车削）		T02	内孔刀	1 000	0.5	1.2	
6	精加工左端内轮廓（轮廓车削）				1 800	0.2	0.4	
7	切内槽（4×2）		T03	内槽刀	800	0.06	4	
8	车削内螺纹（M30×1.5）		T04	螺纹刀	700	1.5	分层	
9	粗加工左端外轮廓（矩形车削）		T01	外圆刀	1 000	0.8	1.2	
10	精加工左端外轮廓（轮廓车削）				1 800	0.4	0.4	

工步号	作业内容	刀具号	刀具名称	主轴转速/(r/min)	进给速度/(mm/r)	背吃刀量/mm
11	左端工件精度检验					
	右端加工					
1	调头手动加工右端面(切长度80±0.25)	—	端面刀	1 500	0.5	手控
2	手动对刀（内孔刀、外圆刀 $Z=0$）	—		—	0.8	手控
3	粗加工右端内轮廓（矩形车削）	T02	内镗刀	1 000	0.5	1.2
4	精加工右端内轮廓（轮廓车削）			1 800	0.2	0.4
5	粗加工右端外轮廓（矩形车削）	T01	外圆刀	1 000	0.8	1.2
6	精加工右端外轮廓（轮廓车削）			1 800	0.4	0.4
7	右端工件精度检验					

相关链接

　　一般把毛坯件上过多的余量,特别是含有锻、铸硬皮层的余量应安排在普通车床上加工。如果必须用数控车床加工时,则要注意程序的灵活安排。具体可采用对大余量毛坯阶梯切削或者分层切削时刀具的终止位置

6.1.3　盘类零件车削加工工艺

一、单件生产加工工艺(一)

1. 零件工单

　　盘类零件如图6-5所示。材料:铸铝,毛坯:铸件,单件生产。

2. 图样分析

　　盘类零件如图可以看出,是由内、外圆柱面、退刀槽、圆弧面、倒角及外螺纹等表面组成。其中外径尺寸 $\phi84_{-0.03}^{0}$ mm、内径尺寸 $\phi54_{0}^{+0.04}$ 和轴向尺寸 $26.5_{-0.06}^{0}$ mm、$14.5_{-0.06}^{0}$ mm 都有较高的尺寸精度要求,$\phi54_{0}^{+0.04}$ mm 内表面粗糙度为 $Ra1.6$ μm,其余加工表面粗糙度均为 $Ra3.2$ μm 毛坯材料为铸铝,零件的孔部分已铸造成型,零件图尺寸标注完整,符合数控加工尺寸标注要求,为单件加工生产。

图 6-5　盘类零件

3. 工艺准备

（1）刀具选用。由于铸铝件加工性能好,刀具磨损较小,因此,外圆与内腔的粗、精加工各采用同一把刀具。

该零件端面加工采用45°端面刀、切槽采用宽为3 mm的外槽刀及外螺纹刀。根据加工内容所选刀具如图6-6所示。

（a）端面刀　　（b）外圆刀　　（c）切槽刀　　（d）螺纹刀　　（e）内孔刀

图6-6　加工所需数控机夹刀具

（2）数控加工刀具卡见表6-7。

表6-7　数控加工刀具卡

序号	刀具号	刀具规格名称	刀具补偿量		刀杆规格/mm	备注
			刀位点	半径值地址（D）		
1	T04	端面刀	刀尖圆弧圆心	—	20×20	手控
2	T01	90°外圆粗、精车刀	刀尖圆弧圆心	0.4	20×20	自动
3	T02	切槽刀	左刀尖	—	20×20	自动
4	T03	外螺纹刀（$P=1.5$）	刀尖	—	20×20	自动
5	T04（换）	粗、精内孔刀	刀尖圆弧圆心	0.2	（配刀座）	自动

（3）量具选用:25~50 mm外径千分尺、75~100 mm外径千分尺、0~150 mm游标卡尺外径螺纹千分尺、50~70 mm内径百分表或内径千分尺,磁性座百分表。

4. 工艺分析

（1）编程原点与换刀点的确定。根据编程原点的确定原则,该工件的编程原点设定在加工完成后左、右端面与主轴轴线的交汇点上;两次装夹换刀点选在X10、Z150处。

（2）毛坯为铝铸件,加工余量均匀,为了防止"误差复映"现象,影响加工尺寸精度,采用两次精加工。

（3）制订加工方案与加工路线。毛坯是铸铝件、单件生产,因此第一次夹持（M68×1.5）外圆,使用磁性座百分表找正装夹,（找正达到使工件加工后壁厚均匀一致）车端面并完成对$\phi 54^{+0.04}_{0}$ mm内圆及$\phi 84^{0}_{-0.03}$ mm外圆的粗、精加工。第二次调头垫铜皮夹持已加工好的$\phi 84^{0}_{-0.03}$ mm外圆找正车端面保证总长度$26.5^{0}_{-0.06}$ mm要求,加工右端内、外轮廓及退刀槽及外螺纹等。

（4）工艺流程卡见表6-8。

（5）确定加工参数。一般对于铝合金加工来说,高转速切削螺纹的效果比低速切削表面质量好,但螺纹切削转速的设定还要考虑到所选用的数控车床车削螺纹时是否会发生超速的现象。冷却一般可采用煤油或者柴油做切削液。

表 6-8　工艺流程卡

工序号	工序内容	工序简图
1	（1）夹持 M68×1.5 毛坯外圆找正并车端面 （2）用内孔刀粗、精加工内腔 （3）用 90° 外圆刀粗、精加工零件外轮廓并保证 $\phi84_{-0.03}^{0}$ mm 尺寸	
2	（1）调头以加工好的 $\phi84_{-0.03}^{0}$ mm 外圆垫铜皮装夹，车端面保证零件总长度 $26.5_{-0.06}^{0}$ mm （2）用内孔刀粗、精加工内腔 （3）用外圆刀粗、精加工右端外轮廓 （4）切 3×2 退刀槽 （5）车削 M68 ×1.5 外螺纹	

（6）数控加工工艺卡见表 6-9。

表 6-9　数控加工工艺卡

单位		产品名称		零件名称			第　页	
工序		工序名称		程序编号		备注		
工步号	作业内容		刀具号	刀具名称	主轴转速/（r/min）	进给速度/（mm/r）	背吃刀量/mm	
	加工左端外圆、内腔							
	手动加工左端面		—	端面刀	1 500	0.8	手控	
	手动对内孔刀、外圆刀			—	1 000	0.4	手控	
1	粗加工左端内轮廓（矩形车削）		T04	内孔刀	1 000	0.6	1.5	
2	精加工左端内轮廓（轮廓车削）				1 800	0.4	0.2	

工步号	作业内容	刀具号	刀具名称	主轴转速/(r/min)	进给速度/(mm/r)	背吃刀量/mm
3	粗加工左端外轮廓(矩形车削)	T01	外圆刀	1 000	0.8	1.5
4	精加工左端外轮廓(轮廓车削)			1 800	0.4	0.3
5	工件内孔及外轮廓精度检验					
	调头加工右端面、外轮廓及右端内腔					
	手动加工右端面(保证总长度)	—	端面刀	1 500	0.8	手控
	手动对刀(外圆刀、槽刀、螺纹刀及内孔刀)	—	—	1 000	0.4	手控
1	粗加工内轮廓(轮廓车削)	T04	内膛刀	1 000	0.6	1.5
2	精加工内轮廓(轮廓车削)			1 800	0.4	0.2
3	粗加工左端外轮廓(矩形车削)	T01	外圆刀	1 000	0.8	1.5
4	精加工左端外轮廓(轮廓车削)			1 800	0.4	0.3
5	切退刀槽	T02	切槽刀	800	0.15	3.0
6	车削外螺纹	T03	螺纹刀	700	1.5	分层
7	工件左端精度检验					

120

二、批量生产加工工艺(二)

1. 零件工单 参照图 6-7 所示盘类零件(图略)

2. 图样分析 参照工艺(一)(略)

3. 工艺准备

(1)刀具选用。根据加工内容所选刀具如图 6-6 所示。数控加工刀具见表 6-7。

(2)量具选用。(同上略)

4. 工艺分析

(1)编程原点与换刀点的确定。根据编程原点确定原则,该工件的编程原点设定在加工完成后右端面与主轴轴线的交汇点上,两次装夹换刀点选在 X10、Z150 处。由于该零件没有形位公差要求,因此可制作螺纹夹具体实现调头后快速装夹。

(2)制作螺纹夹具体。用 45 钢 ϕ85 圆料加工,钻 ϕ30 通孔后进行内镗加工、切内刀槽最后加工 M68×1.5 内螺纹。

(3)制订加工方案与加工路线。由于毛坯为铸铝件,批量生产。因此第一次夹持 ϕ84 毛坯外圆,完成车右端面、加工右端内轮廓,然后加工右端外轮廓、退刀槽和 M68×1.5-6h 螺纹。第一个工件原点(工件右端面与主轴中心线交点处)。第二次将已加工好的零件右端旋入螺纹夹具体中,旋紧、对刀、粗、精加工左端零件内轮廓,再加工左端内轮廓。

(4)工艺流程卡见表 6-10。

表 6-10　工艺流程卡

工序	工序内容	工序简图
1	（1）夹持 $\phi 84$ mm 外圆车端面 （2）用内孔刀粗、精加工工件内轮廓 （3）用外圆刀粗、精加工工件外轮廓 （4）车 3×2 退刀槽 （5）车削 M68 ×1.5 螺纹	
2	（1）调头在螺纹夹具体内定位重新装夹旋紧工件，车端面保证工件总长度 $26.50_{-0.06}^{0}$ mm 要求 （2）用内孔刀粗、精加工内轮廓 （3）用外圆刀粗、精加工外轮廓	

　　（5）确定加工参数。根据实际加工经验、工件的加工精度、表面粗糙度及表面质量、刀具材料、工件材料以及机床的刚性等进行选取,加工普通铝合金一般可以选择高速大进给切削。其次尽可能选择较大的前角,增大容屑空间,减少粘刀现象。根据实际加工经验、工件的加工精度、表面粗糙度及表面质量、刀具材料、工件材料以及机床的刚性等进行选取。

　　（6）编制数控加工工艺卡见表 6-11。

表 6-11　数控加工工艺卡

单位		产品名称		零件名称		第　页	
工序		工序名称		程序编号		备注	
工步号	作业内容		刀具号	刀具名称	主轴转速/ （r/min）	进给速度/ （mm/r）	背吃刀量/ mm
	右端外轮廓、内腔加工						

工步号	作 业 内 容	刀具号	刀具名称	主轴转速/（r/min）	进给速度/（mm/r）	背吃刀量/mm
1	手动加工右端面	—	端面刀	1 500	0.8	手控
2	手动对刀（外圆刀、内孔刀 $Z=0$）	—	—	—	—	手控
3	粗加工内轮廓（矩形车削）	T04	内孔刀	1 000	0.5	1.2
4	精加工内轮廓（轮廓车削）			1 800	0.2	0.3
5	粗加工右端外轮廓（矩形车削）	T01	外圆刀	1 000	0.8	1.5
6	精加工右端外轮廓（轮廓车削）			1 800	0.4	0.4
7	工件内孔精度检验					
	左端外轮廓、内腔加工					
1	调头手动加工左端面	—	端面刀	1 500	0.8	手控
2	手动对刀（外圆、槽、螺纹及内腔刀 $Z=0$）	—	—	—	—	手控
3	粗加工左端外轮廓（矩形车削）	T01	外圆刀	1 000	0.8	1.2
4	精加工左端外轮廓（轮廓车削）			1 800	0.4	0.4
5	切槽	T02	切槽刀	800	0.15	3.0
6	车削外螺纹	T03	螺纹刀	700	1.5	分层
7	粗加工内轮廓（矩形车削）	T04	内腔刀	1 000	0.5	1.2
8	精加工内轮廓（轮廓车削）			1 800	0.2	0.4
9	工件左端精度检验					

6.2 偏心、异形、薄壁类零件车削加工工艺分析

6.2.1 偏心类零件车削加工工艺分析

1. 零件工单

偏心类零件如图 6-7 所示，材料为 45 钢，毛坯为 $\phi50$ mm 批量生产。

2. 图样分析

从图样上看零件表面是两端带倒角的圆柱体，内腔也是又带倒角的两个偏心的内圆柱体组成，其中两个内圆柱面要求表面粗糙度均为 $Ra1.6$ μm，两个内孔的尺寸精度要求较高，分别为 $\phi32^{+0.025}_{0}$ mm、$\phi22^{+0.022}_{0}$ mm，且偏心距为（3 ± 0.16）mm，另外零件的左右两个端面要求平行度为 0.04 mm，材料 45 钢，切削性能较好，以左端为尺寸设计基准，符合数控零件标注要求。对于偏心零件一般可采用以下四种方式装夹。

（1）对于尺寸要求较高的长偏心零件，可采用两顶尖车偏心方式用鸡心夹头装夹。对于内孔偏心短轴，可采用双重卡盘装夹（主轴采用四爪卡盘设置偏心后夹持另一个三爪自定心卡盘）批量

生产不用找正,方便零件装夹,提高效率。

图 6-7　偏心类零件

（2）单件生产,工件长度较短,不便于用两顶尖安装时,可采用四爪单动卡盘装夹如图 6-8 所示,装夹时,必须按已经划好的偏心和侧母线找正,把偏心部分轴线找正到与主轴轴线重合,这种方式加工安装调整麻烦,费时费工,适合于单件生产。

（3）可采用在三爪自定心卡盘上的一个卡爪上增加一块垫片,使工件产生偏心来加工,这种方式加工需近似估算垫片厚度,然后在机床上装夹调整找正,如图 6-9 所示,适合于单件生产。

图 6-8　四爪卡盘偏心件安装　　图 6-9　三爪卡盘偏心件安装　　图 6-10　专用偏心套夹具安装

垫片厚度计算公式

$$x = 1.5e + k$$

式中　x——垫片的厚度,mm;

　　　e——偏心距,mm;

　　　k——修正值($k \approx 1.5\Delta e$),其中 Δe 为试车后要求的偏心距与实测偏心距误差($\Delta e = e - e_{测}$),mm。

注意:这个计算值只是估算值,从图 6-10 所示可以看出,实际上工件偏移之后,卡爪卡口与工件接触点,并不是卡爪口的中心位置,而是卡爪的边缘点与工件接触夹紧,因此这种理论计算值与实际装夹相差较大,具体应采用软紫铜垫片和百分表找正,实测若偏心距稍大可通过压紧软紫铜垫片靠塑性变形调整。

(4)专用偏心夹具。对于偏心精度要求较高的偏心件,可以预先制作一个偏心距与工件偏心距相等的开缝偏心套,在最窄处开缝如图6-10所示,靠弹性变形来夹持工件,此种装夹可提高工件的加工精度。适合于批量生产。

本例由于批量生产,因此,装夹方式采用制作偏心夹具装夹方式。

3. 工艺准备

(1)刀具选用。该零件端面加工采用45°端面刀、外圆粗、精加工可采用同一把90°外圆刀、3mm切断刀、内腔用同一把内孔刀粗、精加工。所选刀具如图6-11所示。

(a)端面刀　(b)外圆刀　(c)切断刀　(d)中心钻　(e)钻头与内孔刀

图6-11　加工所需数控机夹刀具

数控加工刀具卡,见表6-12。

表6-12　数控加工刀具卡

序号	刀具号	刀具规格名称	刀具补偿量		刀杆规格/mm	备注
			刀位点	半径值地址(D)		
1	T04	端面刀	刀尖圆弧圆心	—	20×20	手控
2	T01	90°外圆粗、精车刀	刀尖圆弧圆心	0.4	20×20	自动
3		中心钻 A_3				手控
4	—	钻头 $\phi30mm$、$\phi20mm$	—	—	—	手控
5	T02	粗、精内镗刀 $\phi25$	刀尖圆弧圆心	0.2	(配刀座)	自动
6	T03	切断刀(刀宽4mm)	左刀尖		20×20	手控

(2)量具选用:25~50 mm外径千分尺、0~150 mm游标卡尺、25~50 mm内径千分尺、内径百分表、磁性表座百分表。

4. 工艺分析

(1)编程原点与换刀点的确定。根据编程原点确定原则,该工件的编程原点设定在加工完成后左、右端面与主轴轴线的交汇点上,两次装夹换刀点选在X10、Z150处。由于该零件有形位公差平行度要求,因此第二次装夹需百分表找正。

(2)制作偏心夹具 用45钢$\phi80$圆棒料加工如图6-12所示,制作过程略。

(3)制订加工方案与加工路线。该零件为批量生产,毛坯为45钢。

第一次夹持$\phi50$ mm坯料外圆,伸出长度不少于45 mm车端面,然后粗、精车$\phi44$ mm外圆并倒

角 $C1.5$ 长度 45 mm 左右。钻中心孔、钻盲孔 $\phi30$ mm 深度有效长度 24 mm。粗、精车内孔 $\phi32_0^{+0.025}$ mm 至尺寸要求并外倒角 $C1.5$，深度为 24 mm。自动切断保证工件总长度（40 ± 0.25）mm、卸料。

图 6-12　偏心套夹具体

第二次装夹将切下工件盲孔部分插入偏心套夹具体内，以夹具体外缘 $\phi78$ mm 做定位面贴紧卡盘端面找正夹紧。钻 $\phi20$ mm 通孔。粗、精车偏心孔 $\phi22_0^{+0.022}$ mm 至尺寸要求，并内外倒角。

（4）工艺流程卡见表 6-13。

（5）确定加工参数。根据实际加工经验、工件的加工精度、表面粗糙度及表面质量、刀具材料、工件材料以及机床的刚性等进行选取或查机械加工手册获取加工参数。

（6）数控工工艺卡，见表 6-14。

表 6-13　工艺流程卡

工序	工序内容	工序简图
1	（1）夹持 $\phi50$ mm 坯料外圆伸出长度 45 mm 左右车端面 （2）粗、精车 $\phi44$ mm 外圆长度至 45 mm 左右 （3）钻中心孔 （4）钻盲孔 $\phi30$ mm 深度 24 mm （5）粗精加工盲孔 $\phi32$ mm 至尺寸要求并外倒角 （6）切断工件保证总长度（40 ± 0.25）mm 要求	

工序	工序内容	工序简图
2	（1）将工件 $\phi32$ mm 盲孔插入至夹具体内、夹持偏心套夹具以外边缘 $\phi78$ mm 做定位面贴紧卡盘端面找正夹紧 （2）钻中心孔 （3）钻 $\phi20$ mm 通孔 （4）粗、精车偏心孔 $\phi(220+0.022)$mm 至尺寸要求 （5）卸件	

表 6-14　数控加工工艺卡

单位		产品名称		零件名称			第　页
工序		工序名称		程序编号		备注	
工步号	作 业 内 容		刀具号	刀具名称	主轴转速/（r/min）	进给速度/（mm/r）	背吃刀量/mm
	外轮廓、左端内腔加工						
1	手动加工左端面		—	端面刀	1 500	0.8	手控
2	钻中心孔		—		1 200	—	手控
3	钻 $\phi30$ mm 盲孔（有效深度 24 mm）		—		800	—	手控
4	手动对刀（外圆刀、内膛刀 $Z=0$）		—		—	—	手控
5	粗加工内轮廓（矩形车削）		T04	内孔刀	1 000	0.5	1.2
6	精加工内轮廓（轮廓车削）				1 800	0.2	0.3
7	粗加工外轮廓（矩形车削）		T01	外圆刀	1 000	0.8	1.2
8	精加工外轮廓（轮廓车削）				1 800	0.4	0.4
9	工件内孔精度检验						
10	切断保证总长度（40±0.25）mm		T03	切断刀	700	0.08	自控
	右端偏心孔加工						
1	夹持偏心套夹具体装夹零件						
2	手动加工右端面		—	端面刀	1 500	0.8	手控
3	手动对刀（内孔刀 $Z=0$）		T04		900	—	手控
4	钻中心孔		—		1 200	—	手控
5	钻 $\phi20$ mm 通孔		—		800	—	手控

工步号	作 业 内 容	刀具号	刀具名称	主轴转速/ (r/min)	进给速度/ (mm/r)	背吃刀量/ mm
6	粗加工偏心孔(矩形车削)	T04	内孔刀	1 000	0.8	1.2
7	精加工偏心孔及倒角(轮廓车削)			1 800	0.4	0.4
8	工件内孔精度检验					
9	卸件					

6.2.2　异形类零件车削加工工艺分析

1. 零件工单

异形类零件如图 6-13 所示。材料:黄铜 H68,毛坯:ϕ30 mm×100 mm 单件生产。

图 6-13　异形类零件

2. 图样分析

(1)该零件图为异形管接头零件,从图纸上可以看出,整体上是空心轴对称结构,外形由一个倒角、五段柱面、宽槽、一个窄槽和四个锯齿槽组成。

(2)该零件尺寸精度要求高的部位有 $\phi26_{-0.15}^{0}$ mm、$\phi26_{-0.02}^{0}$ mm、两个外圆表面,外圆柱表面和锯齿面表面粗糙度均为 Ra1.6 μm 要求、可采用粗、精车加工达到要求。

(3)内孔 ϕ15 mm 可预钻 ϕ14 mm 后扩孔至 ϕ15 mm 到达表面粗糙度 Ra3.2 μm 要求。

3. 工艺准备

(1)刀具选用。该零件为单件生产,选45°端面刀,外圆刀选刀尖角为 35° 的菱形(V 形)刀片,取刀具圆弧半径为 0.4 mm、选刀宽为 3 mm 机夹切槽刀,选刀具如图 6-14 所示。

数控加工刀具卡见表 6-15。

127

第 6 章　数控车削加工工艺的应用

（a）45°端面刀　　（b）35°外圆刀　　（c）切槽刀　　　　　（d）中心钻、钻头及扩孔钻

图 6-14　加工所需数控机夹刀具

表 6-15　数控加工刀具卡

序号	刀具号	刀具规格名称	刀具补偿量		刀杆规格/ mm	备注
			刀位点	半径值地址（D）		
1	T04	45°端面刀	刀尖圆弧圆心	—	20×20	手控
2	T01	外圆粗、精车刀	刀尖圆弧圆心	0.4	20×20	自控
3	T02	切槽刀（刀宽 4 mm）	左刀尖	—	20×20	自动
4	—	中心钻（B3.15/10）	—	—		手控
5	—	钻头 φ14 mm	—	—		手控
6	—	扩孔钻 φ15 mm	—	—		手控

（2）量具：0 ~ 25 mm 外径千分尺、25 ~ 50 mm 外径千分尺、0 ~ 150 mm 游标卡尺。

4. 工艺分析

（1）编程原点与换刀点的确定。零件两端加工结合点为窄槽沿位置，编程零点选在左、右端面与主轴中心线交汇点，换刀点选在 X100、Z100 处。

（2）预先做内孔为 φ22 mm 外径。φ32 mm 的两个半圆套工装，如图 6-15 所示，作为加工右端外轮廓时的工装夹具。

（3）加工方案的确定。根据零件尺寸的要求，为了达到尺寸精度要求，需对零件两端加工，左、右端分界为 R2 圆弧台阶面处，先加工左端外轮廓，并钻 φ14 mm 通孔后完成 φ15 mm 扩孔加工。调头采用半圆套装夹工件加工右端锯齿部分。

（4）相关计算。如图 6-16 所示利用三角函数求出 △ABC 中 AC 由已知条件：

槽深度 BC =（26-22）/2 = 2 mm　　所以 tan50° = 2/AC，即 AC = 2/1.1918 = 1.678 mm。

图 6-15　半圆套工装夹具

图 6-16　锯齿槽相关计算图

锯齿槽类零件能否用外圆刀进行数控车削加工,主要看加工锯齿槽时外圆刀后角是否产生干涉,如果有干涉就不能采用外圆刀加工,这时可采用重磨锯齿仿形刀车削加工。本例经过验证可以采用35°外圆刀加工。

(5)工艺流程卡,见表6-16。

表6-16　工艺流程卡

工序号	工序内容	工序简图
1	(1)夹持毛坯外圆伸出长度46 mm左右 (2)T04端面刀车左端面 (3)钻B3.15/10中心孔 (4)钻通孔φ14 mm (5)扩孔至φ15 (6)T01外圆刀粗、精加工外轮廓 (7)T02切宽槽18×φ20 mm和3×φ22 mm窄槽	
2	(1)利用半圆套工装夹具夹持工件宽槽φ22 mm处工装外沿靠紧卡盘端面夹紧 (2)T04车右端面,保证工件长度96.56mm (3)T01外圆刀加工零件右端外轮廓(锯齿槽)加工至左右端结合点处	

(6)确定加工参数。黄铜切削深度及进给量与车削钢材相同,黄铜的切削性能好,切削速度可以取大些,黄铜车削一般可不加切削液。使用时也可加入浓度为3%~5%的乳化液。

(7)数控加工工艺卡,见表6-17。

表6-17　数控加工工艺卡

单位		产品名称		零件名称			第　页
工序		工序名称		程序编号		备注	
工步号	作业内容(进给路线)		刀具号	刀具名称	主轴转速/ (r/min)	进给速度/ (mm/r)	背吃刀量/ mm
左端加工(装夹伸出卡爪外长度46 mm)							

工步号	作业内容(进给路线)	刀具号	刀具名称	主轴转速/(r/min)	进给速度/(mm/r)	背吃刀量/mm
1	车端面	T04	端面刀	800	0.8	手控
2	钻 B3.15/10 中心孔	—	中心钻	1 000	0.5	自控
3	钻通孔 ϕ14.5 mm	—	钻头	700	0.8	自控
4	扩孔至 ϕ15 mm	—	扩孔钻	90	0.3	自控
5	粗车 ϕ26 mm 外圆、ϕ28 mm 外圆	T01	外圆刀	1 000	0.5	1.3
6	精车 ϕ26 外圆、ϕ26~ϕ28 圆环、ϕ28 外圆			1 900	0.4	0.4
7	粗、精车 18×22 mm 宽槽	T02	外槽刀	900	0.08	3
8	粗、精切槽 3×ϕ22 mm 窄槽					
9	左端工件精度检验					
右端加工(调头工装夹具装夹)						
①	手动车右端面(保证总长度 96.56 mm)	T04	端面刀	800	0.7	手控
②	粗、精车 C1 倒角、ϕ22 mm 外圆、锯齿槽、ϕ22 mm 外圆、R2 圆弧 ϕ26~ϕ28 mm 圆环	T01	外圆刀	900/1 900	0.8/0.4	1.3/0.4
③	右端工件精度检验					

6.2.3　薄壁类零件车削加工工艺

1. 零件工单

薄壁零件如图 6-17 所示,材料:锡青铜,毛坯为铸件:ϕ62 mm×105 mm 中空 ϕ38 mm,批量生产。

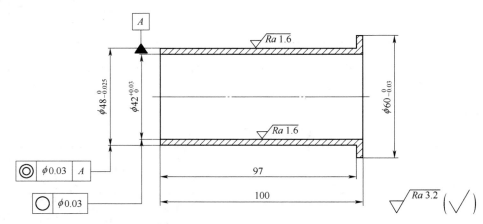

图 6-17　薄壁类零件

2. 图样分析

该零件图尺寸标注完整，符合数控加工尺寸标注。零件毛坯材料为锡青铜铸件，外形、内孔已铸出，加工数量为批量生产。由于在切削过程中，薄壁受切削力的作用，易变形，从而导致出现椭圆或中间小，两头大的"腰形"现象，另外薄壁套管由于加工时散热性差，极易产生热变形，出现尺寸偏差和形位误差，从而达不到零件图要求。

如何减小切削力对工件变形的影响，是车削中的首要问题。为保证零件的加工质量，应充分考虑加工工艺对零件质量的影响，为此可着重对工件的装夹、刀具几何参数进行合理设计，来有效克服薄壁零件加工过程中出现的变形，以保证尺寸精度和形位公差精度要求。

对于形位公差精度要求的项目，如该件同轴度 ϕ 0.03 mm、圆度 ϕ 0.03 mm 要求比较高，另外内壁与外圆柱面粗糙度要求为 Ra1.6 μm。由于是批量生产，因此有必要设计制作一个可胀心轴工装夹具。目的是为减少工件变形，防止振动，方便装夹提高效率。

3. 车薄壁孔的关键技术

（1）增加内孔车刀的刚性。增加刀柄的截面积会增强刀杆的刚性。通常内孔车刀的刀尖位于刀柄的上面，这样刀柄的截面积较少，还不到孔截面积的 1/4，如图 6-18 所示。若使内孔车刀的刀尖位于刀柄的中心线上，那么刀柄在孔中的截面积可大大地增加，如图 6-19 所示。

图 6-18　刀柄原始截面　　　　图 6-19　刀柄增加截面　　　　图 6-20　可胀心轴装夹

（2）批量生产制作可胀心轴。可胀心轴装夹在工件装夹前松开可胀心轴端部螺栓，将工件外沿向内推入心轴中，以 ϕ42 mm 内孔为定位面，端部靠紧心轴尾端后锁紧螺栓，如图 6-20 所示（可胀心轴制作略）。

4. 工艺准备

（1）刀具选用。该零件外圆粗、精加工共用 45°端面刀、90°外圆刀、粗、精加工内孔刀、数控加工刀具如图 6-21 所示。

（a）45°端面刀　　（b）90°外圆刀　　　（c）粗内孔刀　　　　（d）精内孔刀

图 6-21　数控加工机夹刀具

数控加工刀具卡,见表 6-18。

表 6-18　数控加工刀具卡

序号	刀具号	刀具名称	刀具补偿量		刀杆规格/mm	备注
			刀位点	半径值地址(D)		
1	T04	端面刀	刀尖圆弧圆心	0.4	20×20	手控
2	T01	90°外圆刀	刀尖圆弧圆心	0.4	20×20	自动
3	T02	粗内孔刀	刀尖圆弧圆心	0.4	(配刀座)	自动
4	T03	精内孔刀	刀尖圆弧圆心	0.2	(配刀座)	自动

(2)量具:25~50 mm 外径千分尺、0~150 mm 游标卡尺、25~50 mm 内径千分尺、35~50 mm 内径百分表。

5. 工艺分析

(1)编程原点与换刀点的确定。根据编程原点的确定原则,该工件的编程原点设定为主轴轴线与左、右端面的交汇点上;两次装夹换刀点均选在 X100、Z100 处。

(2)制订加工方案与加工路线。批量生产加工需要经过三次装夹后才能完成对整个工件的粗、精加工。首先夹持毛坯外圆 50 mm 左右车端面,加工部分外圆表面。然后第二次调头装夹已加工外圆做定位基准,加工内孔表面,第三次再调头用可胀心轴内孔定位装夹,完成零件的外轮廓切削。

(3)确定装夹方案。

①第一次装夹。以工件毛坯外径定位用三爪自动定心卡盘夹紧外圆,使工件伸出卡盘外 50 mm左右,粗、精车外圆定位面,卸件。

②第二次装夹。以左端已经车削外圆做定位面装夹,粗、精车内孔至尺寸要求。

③第三次装夹。以 ϕ42 内孔为定位面,将其装夹在可胀心轴上,使薄壁零件在不变形的情况下加工外圆。

④工艺流程卡,见表 6-19。

表 6-19　工艺流程卡

工序	工序内容	工序简图
1	夹持毛坯外圆伸出 50 mm 左右车端面、车削外圆定位面,长度 50 mm 左右	

工序	工序内容	工序简图
2	（1）调头装夹左端已加工的定位面、车端面保证总长度 100 mm （2）粗、精加工内通孔内径至 $\phi 42_0^{+0.03}$ mm 尺寸要求	
3	（1）以工件 $\phi 42_0^{+0.03}$ mm 内孔作为定位面、夹持在三爪自定心卡盘上夹紧的可胀心轴上 （2）用 90°外圆刀粗、精加工外圆 $\phi 48_{-0.025}^{0}$ mm 及台阶面 $\phi 60_{-0.03}^{0}$ mm 所要求的尺寸精度	

⑤确定加工参数。根据实际加工经验、锡青铜的切削参数与中碳钢相近,工件的加工精度、表面粗糙度及表面质量、刀具材料、工件材料以及机床的刚性等进行选取,粗加工时,在工艺系统刚性和机床功率允许的情况下,尽可能取较大的背吃刀量,以减少进给次数;精加工时,为保证零件表面粗糙度要求,背吃刀量一般取 0.3 mm 较为合适。

⑥编制数控加工工艺。数控加工工艺卡见表 6-20。

表 6-20　数控加工工艺卡

数控加工工艺卡片		机床型号		零件图号			共　页	
单位		产品名称		零件名称			第　页	
工序		工序名称		程序编号		备注		
工步号	作业内容		刀具号	刀具名称	主轴转速/ (r/min)	进给速度/ (mm/r)	背吃刀量/ mm	
	加工左端面、外圆							

工步号	作 业 内 容	刀具号	刀具名称	主轴转速/（r/min）	进给速度/（mm/r）	背吃刀量/mm
1	手动加工左端面	T04	端面刀	1 500	0.5	手控
2	手动对外圆刀	T01	外圆刀	1 200	0.5	手控
3	粗加工左端外轮廓（矩形车削）	T01	外圆刀	1 000	0.8	1.2
4	精加工左端外轮廓（轮廓车削）			1 800	0.4	0.3
5	工件左端精度检验					
	加工右端面、内腔					
1	调头手动加工右端面	T04	端面刀	1 500	0.5	手控
2	手动对刀（粗内孔刀）	T02	粗内孔刀	800	0.5	手控
3	手动对刀（精内孔刀）	T03	精内孔刀	800	0.5	手控
4	粗加工内轮廓（轮廓车削）	T02	粗内孔刀	1 000	0.5	1.2
5	精加工内轮廓（轮廓车削）	T03	精内孔刀	1 800	0.2	0.3
6	工件内孔精度检验					
	重新用可胀心轴装夹					
1	手动对粗、精车外圆刀（$Z=0$）	T01	外圆刀	1 000	0.8	手控
2	粗加工外轮廓（轮廓车削）			1 200	0.8	1.2
3	精加工外轮廓（轮廓车削）			1 800	0.4	0.3
4	工件整体精度检验					

6.3　组合类零件车削加工工艺分析

1. 零件工单

内、外曲面及螺纹组合零件如图 6-22 所示。材料:45 钢,毛坯:如图 6-22(a)件一 $\phi50$ mm×54 mm、如图 6-22(b)件二 $\phi55$ mm×58 mm,单件加工。

技术要求:螺纹组合旋紧后,配合松紧适中,球面配合后接触面积≥60%、锐边去毛刺倒棱、未注倒角 $C0.5$,装配图 6-22(c)组合件所示。

2. 图样分析

(1)该零件图为内、外曲面及螺纹配合零件,件一:外倒角、外螺纹、外槽、圆柱及外圆球;件二:外圆柱、内球面、内圆柱、内槽及内螺纹。

(2)从图上看出零件的径向尺寸均以轴线为标注基准,内、外球面及外圆柱面表面粗糙度均要

求 $Ra1.6~\mu m$；件二的内螺纹轴线与外圆柱面有同轴度 $\phi0.02~mm$ 要求；内、外螺纹为配合螺纹设计，尺寸精度在《金属切削手册》中查普通螺纹公差带的极限偏差，即外螺纹为中径与大径公差值，内螺纹为中径与小径公差值。因此该零件内、外螺纹经过计算查表如下：外螺纹 M34×2-6g 螺纹中径为 $\phi32.7^{-0.038}_{-0.208}~mm$，大径为 $\phi34^{-0.038}_{-0.318}~mm$。

（a）件一　　　　　　　　　　　　　　　　　（b）件二

（c）配合件

图 6-22　内、外曲面及螺纹组合零件

内螺纹 M34×2-7H 螺纹中径为 $\phi32.7^{+0.280}_{0}~mm$，小径为 $\phi31.84^{+0.475}_{0}~mm$。

3. 工艺准备

（1）刀具选用：端面刀、外圆粗、精车刀、外切槽刀、外螺纹刀、内槽刀、内螺纹刀、内镗刀、中心钻、钻头。数控加工刀具如图 6-23 所示。

数控加工刀具卡见表 6-21。

（a）45° 端面刀　　（b）90° 外圆刀　　（c）外切槽刀　　（d）外螺纹刀　　（e）内切槽刀

（f）中心钻与钻头　　　　　　（g）内孔刀　　　　　　（h）内螺纹刀

图 6-23　数控机夹刀具

表 6-21　数控加工刀具卡

序号	刀具号	刀具名称规格	刀具补偿量		刀杆规格/mm	备注
			刀位点	半径值地址（D）		
1	T01	90° 外圆刀	刀尖圆弧中心	0.4	20×20	手控
2	T02	外切槽刀（刀宽 4mm）	左刀尖	—	20×20	自动
3	T03	外螺纹刀 $P=2$ mm	刀尖	—	20×20	自动
4	T04	端面刀	刀尖	—	20×20	自动
5	T02（换）	内孔刀 $K_r \geqslant 90°$	刀尖圆弧圆心	0.2	（配刀座）	自动
6	T03（换）	内槽刀（刀宽 4mm）	刀尖圆弧圆心	—	（配刀座）	自动
7	T04（换）	内螺纹刀 $P=2$ mm	刀尖	—	（配刀座）	自动
8	—	中心钻（B 3.15/10）	钻尖	—	—	手控
9	—	钻头 $\phi16$ mm	钻尖	—	—	手控

（2）量具：25~50 mm、50~75 mm 外径千分尺、18~35 mm 内径百分表、外螺纹千分尺 0~150 mm 游标卡尺。

4. 工艺分析

配合件的各项配合精度要求主要受工件尺寸精度的影响，因此应选择合适的定位装夹方式，为保证同轴度公差 $\phi0.02$ mm 要求，应使内螺纹 M34×2-7H 加工与外圆 $\phi48$ mm 加工在一次装夹中完成，每个零件的编程原点均选在主轴轴线与前端面的交汇点上。工件的表面粗糙度可采用粗车、精车即可达到零件图所规定的要求。工艺分析如下：

（1）加工件一：左端外轮廓及外螺纹部分；

（2）加工件二：钻中心孔及 $\phi16$ mm 通孔，加工右端内圆弧面、内圆柱面、$\phi44_{-0.04}^{0}$ mm 及

$\phi 48^{\ 0}_{-0.04}$ mm外圆。

（3）调头垫铜皮装夹 $\phi 48$ mm外圆加工左端内轮廓、内槽、内螺纹及 $\phi 44^{\ 0}_{-0.04}$ mm外圆。

（4）将件一螺纹旋合在件二上，合件加工圆球头、圆环及 $\phi 44^{\ 0}_{-0.04}$ mm外圆。

（5）调头重新装夹件二加工右端内球体曲面及外轮廓。

（6）工艺流程卡见表6-22。

表 6-22　工艺流程卡

工序号	工序内容	工序简图
1	件一 （1）夹持毛坯外圆伸出长度40 mm车端面 （2）用外圆刀粗、精加工零件外轮廓 （3）用外切槽刀车 4×$\phi 30$ mm 外槽 （4）用外螺纹刀加工螺距为2 mm的外螺纹	
2	件二 （1）夹持毛坯外圆伸出长度30 mm车端面 （2）钻中心孔 B3.15/10 （3）用 $\phi 16$ mm 钻头钻通孔 （4）用内孔刀粗、精加工零件内轮廓 （5）用切槽刀加工 4×$\phi 36$ mm 内退刀槽 （6）用螺纹刀加工螺距为 2 mm 的内螺纹	

数控加工工艺

工序号	工序内容	工序简图
3	组合件 （1）将件一螺纹旋入件二 （2）用端面刀车左端面，保证长度件一右端半球与圆台的长度 （3）用外圆刀粗、精加工合件外轮廓	
4	配作件二 （1）调头垫铜皮夹持 $\phi48$ mm 外圆配作内球面 （2）用内孔刀粗、精加工零件内球面 （3）用外圆刀粗、精加工合件外轮廓	

（7）确定加工参数。根据实际加工经验、加工精度、表面粗糙度、刀具材料、工件材料以及机床的刚性等进行选取，粗加工时，在工艺系统刚性和机床功率允许的情况下，尽可能取较大的背吃刀量，一般为 1.0~1.5 mm；精加工时，背吃刀量一般取 0.3~0.5 mm。

（8）数控加工工艺卡见表 6-23。

表 6-23　内、外曲面及螺纹配合（件一）左端数控加工工艺卡

单位		产品名称		零件名称			第　页	
工序号		工序名称		程序编号			备注	
工步号	作业内容（进给路线）			刀具号	刀具名称	主轴转速/ （r/min）	进给速度/ （mm/r）	背吃刀量/ mm
	件一：							
1	装夹毛坯伸出卡盘外 40 mm							
2	车端面			T04	端面刀	800	0.2	手控

工步号	作业内容(进给路线)	刀具号	刀具名称	主轴转速/(r/min)	进给速度/(mm/r)	背吃刀量/mm
3	粗、精加工左端外轮廓	T01	外圆刀	900 / 1900	0.4/ 0.2	1.2/ 0.5
4	切槽 4×φ30 mm 外槽	T02	切槽刀	800	0.08	4
5	车削 M34×2-6g 外螺纹	T03	外螺纹刀	900	2	分层
6	左端精度检验					

内、外曲面及螺纹配合(件二及合件)数控加工工艺卡

单位		产品名称		零件名称			第　页
工序		工序名称		程序编号		备注	

工步号	作业内容(进给路线)	刀具号	刀具名称	主轴转速/(r/min)	进给速度/(mm/r)	背吃刀量/mm
	件二:					
1	装夹毛坯伸出卡盘外 42 mm					
2	右端加工车端面	T04	端面刀	800	0.2	手控
3	钻 B3.15/10 中心孔	—	中心钻	500	0.2	手控
4	钻 φ16 mm 通孔	—	钻头	500	0.08	8
5	粗、精加工 C2 内倒角、φ32 内孔	T02	内孔刀	900/1 500	0.4 /0.15	1.0/ 0.4
6	车 4×φ36 内槽	T03(换)	内槽刀	800	0.08	4
7	车削 M34×2-7H 内螺纹	T04(换)	内螺纹刀	900	2	分层
8	工件右端内轮廓检验					
	合件:					
9	将件一螺纹旋合在件二上					
10	粗、精加工合件部分外轮廓	T01	外圆刀	900/1 800	0.4 /0.2	1.2/ 0.5
11	合件精度检验					
12	卸下件一					
	件二:					
13	调头垫铜皮夹持 φ44 mm 外圆					
14	平端面保证件二长度(55±0.12)mm	T04	端面刀	800	0.2	手控
15	粗、精加工(配作)SR19 内球面	T02	内镗刀	900/1 500	0.4 /0.15	1.0/ 0.4
16	左端精度检验					

第6章　数控车削加工工艺的应用

小 结

一、轴类零件数控车削加工工艺分析

车削轴类零件应先看零件的轴向长短是否属于细杆件,如果是细长类零件应采用顶尖装夹、附加跟刀架等工艺措施加工。粗车时选择切削用量时应把背吃刀量放在首位,尽可能大。其次是进给量,最后是切削速度。

二、套类零件数控车削加工工艺分析

套类零件一般都要求具有较高的尺寸精度,较小的表面粗糙度和较高的形位精度,由于刀具回旋空间小,刀具进退刀空间狭小;受到孔径和孔深的限制,刀杆细而长,刚性又差。因此,对在车削加工的切削用量选择上,进给量和背吃刀量应比切外圆稍小。内腔切削液不易进入切削区域,切屑不易排出,切削温度可能会较高,镗深孔时可采用工艺性退刀,以促进切屑排出。

三、薄壁零件数控车削加工工艺分析

薄壁零件的刚性一般较差,装夹时应选好定位基准,一般批量生产时采用专用夹具、控制夹紧力大小,以防止工件变形,保证加工精度。因为内孔切削条件差于外轮廓切削,故内孔切削用量较切削外轮廓时选取小些(30%~50%),因为孔直径较外廓直径小,实际主轴转速可能会比切外轮廓时大。

四、盘类零件数控车削加工工艺分析

盘类零件一般铸件较多,内孔铸出,加工工艺常采用,粗镗→精镗,镗削内腔时,注意循环加工的退刀量不要设定过大,防止刀杆碰撞孔壁,另外镗削内孔时还要注意内镗刀具的应用,为了达到尺寸精度和表面粗糙度的要求一般要选择尽可能大的直径刀具,以增强刀具的刚性,防止刀杆颤抖。换刀点的确定要考虑镗刀刀杆的方向和长度,以免换刀时刀具与工件、尾架发生干涉。

五、偏心类零件数控车削加工工艺分析

外圆与外圆的轴线或内孔与内孔的轴线平行但不重合的工件称偏心件,偏心轴与偏心套一般均可在数控车床上加工,加工原理一样,都需要采取适当的安装方法,将需要加工偏心圆部分的轴线 校正到与车床主轴轴线重合的位置。为了保证偏心零件的工作精度,在车削偏心件时,要注意控制车床主轴轴线间的平行度和偏心距的精度。

六、组合零件数控车削加工工艺分析

一般组合零件的加工要比单件复杂得多,应根据零件的形状特点、技术要求、工件数量和安装方法来综合考虑。

复杂的零件一端加工难以完成时,要经过两端加工进行两次装夹,由于对刀及刀架刀位的限制一般应把第一端粗、精车全部完成后再调头,调头装夹时注意应采用垫铜皮、开缝套筒或软卡爪。切削内沟槽时,进刀工艺采用从孔中心先进$-Z$方向,后进$+X$方向,退刀时先退少量X,后退$+Z$方向,为防止干涉,退X方向时退刀尺寸必要时需计算。

复 习 题

一、编写如图6-24、图6-25所示单件生产轴类零件的数控加工工艺。

图 6-24　定位轴

图 6-25　滑动轴承套

二、编写如图6-26、图 6-27 所示单件生产套类零件的数控加工工艺。

图 6-26　轴套　　　　　　　　　图 6-27　锥套

141

第 6 章　数控车削加工工艺的应用

三、编写如图6-28所示内、外圆柱及圆锥组合件的数控加工工艺。

（a）件一　　　　　　　　　　　　　（b）件二

（c）配合件

图6-28　内、外圆柱及圆锥组合件

第 3 篇 数控铣床(加工中心)加工工艺基础

第7章
数控铣床(加工中心)加工概述

学习目标

➤ 了解数控铣床(加工中心)的组成及结构特点。

➤ 掌握数控铣床(加工中心)的主要加工对象、分类和常用夹具的结构。

➤ 数控铣床(加工中心)常用刀具的种类。

数控铣床(加工中心)是用于镗铣加工的数控机床,两者的主要区别是数控铣床没有刀库和自动换刀功能,而数控加工中心有刀库和自动换刀功能。它们在机床设备中应用很广,数控铣床能够进行平面铣削、平面型腔铣削、外形轮廓铣削、三维以上复杂型腔铣削,还可以进行钻孔、镗孔及螺纹加工等,具有加工精度高、效率高、加工质量稳定等优点。

7.1 数控铣床(加工中心)的基本知识

7.1.1 数控铣床的分类

1. 数控铣床按主轴结构形式分类

(1)立式数控铣床。立式数控铣床是数控铣床中数量最多的一种,其主轴轴线垂直于水平面,应用范围最广。从机床数控系统控制的坐标数量来看,目前三坐标数控立铣床占大多数。一般可进行三坐标联动加工,小型数控立式铣床的 X、Y 方向的移动一般都由工作台完成,Z 方向的移动一般都由主轴箱完成,主运动为主轴旋转运动,其外形结构如图 7-1 所示。

（2）卧式数控铣床。卧式数控铣床其外形结构与普通卧式铣床相似，其主轴呈水平布置，为了扩大机床的加工范围和扩充功能，常采用增加数控转盘或万能数控转盘来实现四、五坐标加工，这样不但工件侧面上的连续回转轮廓可以加工出来，而且可以实现在一次安装中，通过转盘改变工位，进行四面加工。其外形结构如图 7-2 所示。

图 7-1　立式数控铣床

图 7-2　卧式数控铣床

（3）龙门数控铣床。对于大型数控铣床多采用双柱龙门结构，这类数控铣床主轴可以在龙门架的横向与垂直方向做进给运动，而龙门架则沿床身做纵向运动。大型数控铣床，因要考虑到扩大行程，缩小占地面积及刚性等技术上的问题，往往采用龙门架移动式，其外形结构如图 7-3 所示。

（4）立、卧两用数控铣床。立卧两用数控铣床其主轴轴线方向可以变换，能达到在一台机床上既可以进行立式加工，又可以进行卧式加工，同时具备两类机床的功能，这类铣床适应

图 7-3　龙门数控铣床

性更强，适用范围广，选择加工对象的余地更大，生产成本低。该机床可以靠手动和自动两种方式更换主轴方向，有些立卧两用数控铣床采用主轴头可以任意方向转换的万能数控主轴头，使其可以加工出与水平面成不同角度的工件表面。另外还可以在这类铣床的工作台上增设数控转盘，以实现对零件的"五面加工"。

2. 按控制功能分类

（1）经济型数控铣床。经济型数控铣床属于低、中档数控铣床，多采用开环控制，成本低、功能少，主轴转数与进给速度比较低，主要用于精度要求不高的简单平面、曲面加工，如图 7-4 所示。

这类数控铣床工作台可以纵向和横向移动，实现"X、Y"进给运动，主轴垂直上下做"Z"向进给运动，主轴头升降式数控铣床在精度保持、承载重量、系统构成等方面具有很多优点，已成为数控铣床的主流。

（2）全功能型数控铣床。这类数控铣床主轴采用调速的直流电动机或交流主轴控制单元来驱动,进给采用伺服电动机,半闭环或全闭环控制,属于高档数控铣床,如图7-5所示。系统功能强、加工适用性强,一般可实现四坐标轴或四坐标轴以上的联动。

图7-4　经济型数控铣床　　　　　　　　图7-5　全功能型数控铣床

（3）高速数控铣床。高速数控铣床主轴转速可在 8 000～40 000 r/mm 进给速度可达 10～30 m/mm采用全新的机床结构、电主轴、直线电动机驱动进给及强大的数控系统,并配以加工性能优越的刀具系统,可实现高速、高效、高质量加工。

7.1.2　数控加工中心的分类

数控加工中心是从数控铣床发展而来的,其自动化程度高于数控铣床,由于工具系统的发展使其工艺范围不断扩展,更大程度实现了工件一次装夹后多表面、多工位的连续加工。

数控加工中心按其功能分类,可分为立式数控加工中心、卧式数控加工中心和复合式数控加工中心三种类型。

（1）立式数控加工中心如图7-6所示。其主轴与机床工作台垂直,工件装夹方便,加工时便于观察,但不便于排屑。采用固定式立柱结构,工作台不升降。主轴箱做上下运动,并通过立柱内的重锤平衡主轴箱的重量。由于受机床的结构所限,主轴中心线距立柱导轨面的距离不宜过大,因此,这种结构主要用于中、小尺寸的数控加工中心。立式数控加工中心适合加工板材类、壳体类零件。

（2）卧式数控加工中心如图7-7所示。其主轴与机床工作台面平行,加工时不便于观察,但排屑顺畅。一般配有数控回转工作台,便于加工零件的不同侧面。卧式数控加工中心多用于箱体类、小型模具型腔的加工。

（3）复合式数控加工中心。复合式数控加工中心主要包括车铣复合加工中心、立式和卧式两轴加工中心。此类设备的出现,为提高复杂异型产品的加工效率和加工精度提供了一种有效解决方案,其复合式数控加工中心一次装夹可加工多个表面,适用于复杂箱体类和复杂曲面类工件的加工,车铣复合加工中心车铣机构如图7-8所示。

图 7-6 立式加工中心

图 7-7 卧式加工中心

图 7-8 车铣复合加工中心车铣机构

7.1.3 数控铣床(加工中心)的基本结构

1. 工作台

工作台主要是用于加工时安装工件,是数控机床的重要部件,其形式往往表征机床规格和性能。工作台有多种形式 常用的有矩形工作台、圆形回转式工作台、万能倾斜回转工作台及摆动工作台。

(1)矩形工作台。矩形工作台使用最多,以表面上的 T 型槽与工件、附件等连接,基准一般设在中间,如图 7-9 所示。

(2)圆形回转工作台。圆形回转工作台主要用于卧式铣床,表面以众多分布的螺纹孔安装工件;可作任意角度的回转和分度,表面 T 型槽呈放射状分布,如图 7-10 所示。

图 7-9 矩形工作台

图 7-10 圆形回转工作台

（3）万能倾斜回转工作台。它能使机床增加一个或两个回转坐标，从而使三坐标机床实现四轴、五轴加工功能，如图7-11所示。

（4）摆动工作台。摆动工作台可以在摇臂之间以一定角度进行摆动，该工作台适合在摆动过程中实现五坐标联动加工，如图7-12所示。

图 7-11　万能倾斜回转工作台　　　　　　　图 7-12　摆动工作台

2. 数控系统（CNC 装置）

数控系统（CNC 装置）是数控铣床运动控制的核心，执行数控加工程序以控制机床对零件进行切削加工。

3. 进给伺服系统

进给伺服系统是数控铣床执行机构的驱动部件，包括主轴电动机、进给伺服电动机和进给执行机构组成，按照程序设定的进给速度实现刀具和工件之间的相对运动，包括直线进给运动和旋转运动。

4. 控制面板（操纵台）

操纵台上有 CRT 显示器、机床操作按钮和各种开关、指示灯及倍率旋钮等。数控程序可以通过操作面板上的 MDI 键盘，用手动方式直接输入，还可以利用 CAD/CAM 软件在计算机上进行自动编程，然后通过机床与计算机直接通信的方式将程序传送到数控装置。

5. 辅助装置

辅助装置主要有液压、气动、润滑、冷却系统、排屑和防护等装置。

7.1.4　加工中心自动换刀装置

数控加工中心多采用刀库式自动换刀装置。带刀库的自动换刀系统是由刀库和刀具交换机构组成，它是多工序数控加工中心应用最广的换刀方法。其换刀过程较为复杂，首先将加工过程中所需使用的全部刀具分别安装在标准的刀柄上，在机外进行尺寸预调整后，按一定的方式放入刀库，换刀时先在刀库中进行选刀，并由刀具交换装置从刀库和主轴上取出刀具。在进行刀具交换之后，将新刀具装入主轴，把旧刀具放回原刀库。存放刀具的刀库具有较大的容量，它既可安装在主轴箱的侧面或上方，也可作为单独部件安装到机床以外。

1. 常见刀库的种类

（1）圆盘刀库。圆盘刀库存刀量可达 6~60 把，占有较大空间，可分两种形式，一种是刀具沿径向分布刀库如图7-13所示，一般置于机床立柱上端；另一种是刀具沿轴向分布刀库。常置于主轴侧面，刀库轴心线垂直放置如图7-14所示。

（2）链式刀库。链式刀库是较常使用的形式，如图7-15所示，常用的有单排链式刀库和加长链条的链式刀库，该刀库的容量比盘式的要大，结构也比较灵活。它可以采用加长链带的方式增加刀库的容量,也可以采用链带折叠回绕的方式提高空间的利用率,在要求刀具容量很大时还可以采用多链带结构。

图 7-13 径向分布盘式刀库

图 7-14 轴向分布盘式刀库

图 7-15 链式刀库

2. 加工中心换刀方式

在数控机床的自动换刀装置中,实现刀库与机床主轴之间传递和装卸刀具的装置称为刀具交换装置。

(1)无机械手换刀。采用无机械手换刀时,刀库中存放刀具的轴向方向与主轴平行,刀具放在主轴可到达的位置换刀时,主轴箱移动到刀库换刀位置的上方,利用刀盘运动将加工用毕刀具先插入刀库指定的空位处,刀盘再移动到主轴换刀位置将待用刀具从刀盘中取出插入主轴,这两个动作不可能同时进行,因此换刀时间较长,如图 7-16 所示。

(2)机械手换刀。采用机械手换刀时,机械手臂中间轴转动 180°,一端将加工完毕的刀具从主轴中卡住,与此同时机械手臂另一端将刀库中待命的刀具同时卡住,然后手臂下降一段距离分别将两把刀具带出,再转动 180°交换位置,手臂归位完成换刀动作,这两个动作同时进行,因此换刀时间短,如图 7-17 所示。

图 7-16 无机械手换刀

图 7-17 机械手换刀

7.1.5 数控铣床(加工中心)的加工对象与功能

1. 数控铣床(加工中心)的加工对象

数控铣床(加工中心)具有多坐标轴联动动功能,主要包括平面铣削、轮廓铣削和曲面铣削,也可以对零件进行钻、扩、铰、镗、锪等加工。主要适合于对下述零件的加工。

(1)平面类零件。平面类零件是指加工面平行或垂直于水平面,或加工面与水平面的夹角为定角的零件,这类加工面可展开为平面,这些平面类零件只需用三轴联动数控铣床或两轴半联动就可将它们直接加工出来,平面类零件是数控铣削加工中最简单的常见零件。

①内腔曲线轮廓面如图7-18所示,该曲线轮廓"A"面展开后为平面,由于它与水平面垂直,因此加工时只需水平放置工作台上装夹、钻铣刀垂直安装即可加工。

②斜筋轮廓面如图7-19所示,该斜筋轮廓"B"面,一般可以用专用角度铣刀来加工省时、易加工、成本低。若采用五坐标轴控制摆角数控铣床加工反而不经济。

图7-18　内腔曲线轮廓面

图7-19　斜筋表面

③平斜面如图7-20所示,当斜面不大时,可根据零件斜度的大小用垫铁将其垫平后进行加工,若机床主轴可摆动,则将其摆成适当角度进行加工;当零件尺寸很大而其斜度又较小时,常用行切法加工,但会在加工面上留下叠刀峰残痕,需要钳修法加以清除。加工斜面的最佳方法是在五坐标摆动铣头式数控机床上利用铣头摆动功能加工。

(2)变斜角类零件如图7-21所示。该变斜角面"D"与水平面的夹角呈连续变化的关系,此类零件多为飞机零件,如梁、框、筋条、缘条等,再有检验夹具与装配型架也属于变斜角类零件。由于变斜角加工面不能展开为平面。但在加工时,加工面与铣刀圆周接触的瞬间为一条线。因此,最好采用四坐标或五坐标数控铣床摆角加工,当工件精度要求不高时,也可以采用三轴数控铣床或两轴半数控铣床近似加工。

图7-20　平斜面

图7-21　变斜角平面

(3)曲面类零件。加工面为空间曲面的零件称为曲面类零件如图7-22所示。其加工特点为加工面不能展成平面,且加工过程中的加工面和铣刀始终保持点接触。常采用球头铣刀利用三坐标数控铣床进行加工,当加工曲面较复杂时,要采用四轴或五轴数控铣床进行加工,以免在加工曲面时产生干涉现象而铣伤邻近表面,还可用于加工螺旋桨、叶片等空间曲面零件。

(4)箱体类零件。箱体类零件一般是指具有一个以上孔系,内部有一定型腔或空腔,在长、宽、高方向有一定比例的零件如图7-23所示。箱体类零件的加工可以采用数控铣床进行加工,但因为用到的刀具较多,所以一般采用加工中心来加工。当加工工位较多,需工作台多次旋转角度才能完成的零件,一般选卧式镗铣类加工中心。当加工的工位较少,且跨距不大时,也可选立式加工中心,从一端进行加工。

2. 数控铣床（加工中心）的功能

各种类型数控铣床(加工中心)所配置的数控系统虽然各有不同,但各种数控系统的功能,除一些特殊功能不尽相同外,其主要功能基本相同。

图 7-22　曲面类零件

图 7-23　箱体类零件

(1)点位控制与连续轮廓控制功能。点位控制功能可以实现对相互位置精度要求很高的孔系加工;连续轮廓控制功能可以实现直线、圆弧的插补功能及非圆曲线的加工。

(2)刀具半径补偿与长度补偿功能。半径补偿功能可以根据零件图样的标注尺寸来编程,而不必考虑所用刀具的实际半径尺寸,从而减少编程时的复杂数值计算;长度补偿功能可以自动补偿刀具的长短,以适应加工中对刀具长度尺寸调整的要求。

(3)比例及镜像加工功能。比例功能可将编好的加工程序按指定比例改变坐标值来执行。镜像加工又称轴对称加工,如果一个零件的形状关于坐标轴对称,那么只要编出一个或两个象限的程序,而其余象限的轮廓就可以通过镜像加工来实现。

(4)旋转功能。该功能可将编好的加工程序在加工平面内旋转任意角度来执行。

(5)子程序调用功能。有些零件需要在不同的位置上重复加工同样的轮廓形状,将这一轮廓形状的加工程序作为子程序,在需要的位置上重复调用,就可以完成对该零件的加工。

(6)宏程序功能。该功能可用一个总指令代表实现某一功能的一系列指令,并能对变量进行运算,使程序更具灵活性和方便性。

 拓展延伸

一般的箱体、箱盖、平面凸轮、样板、形状复杂的平面或立体零件及模具的内、外型腔等适合于在数控立式铣床和立式加工中心上加工。

复杂的箱体类零件、泵体、阀体、壳体等,适合于在卧式数控铣床和卧式加工中心上加工。

超复杂的曲线、曲面等,适合于在多轴联动卧式加工中心上加工。

7.2　数控铣床(加工中心)常用夹具

数控铣床(加工中心)零件常见装夹方法包括:使用机用平口钳装夹工件,使用压板、弯板、V形架、T型槽配对应螺栓装夹工件,工件通过托盘装夹在工作台上使用组合夹具、专用夹具装夹工件。

7.2.1　数控铣床(加工中心)常用夹具

1. 平口钳装夹

平口钳包括:手动平口钳、机用平口钳及正弦平口钳等三种形式。

（1）手动平口钳如图 7-24 所示，使用时找正钳口用固定扳手将零件夹紧。

（2）机用平口钳如图 7-25 所示，使用时找正钳口再将工件装夹在钳口上，这种方式装夹方便，应用广泛，常用于装夹形状规格较小的零件。

（3）正弦平口钳如图 7-26 所示，使用时通过钳身上的孔及滑槽来改变角度，可用于斜面零件的装夹。

图 7-24 手动平口钳   图 7-25 机用平口钳   图 7-26 正弦平口钳

2. 螺钉压板装夹

如果工件比较大，常采用压板装夹工件图 7-27 所示，数控铣床（加工中心）工作台面上有数条 T 型槽，即利用 T 型槽螺栓和压板将工件固定在机床工作台上即可。装夹工件时，需根据工件装夹精度要求，用百分表等找正工件。

3. 工作台面 V 形架的使用

装夹轴类零件时使用 V 形架，如图 7-28 所示。常见的 V 形架夹角有 90° 和 120° 两种形式，无论使用哪一种，轴件的定位表面一定与 V 形架的形面相切。

图 7-27 压板装夹工件   图 7-28 V 形架

4. 采用平口钳垫 V 形架定位装夹

在铣削加工时，常使用平口钳配合 V 形架夹紧工件，它具有结构简单，夹紧牢靠等特点。当采用 V 形架定位装夹时可分双 V 形架装夹，如图 7-29 所示。也可采用简易单 V 形架装夹如图 7-30 所示。

图 7-29 双 V 形架定位装夹   图 7-30 单 V 形架定位装夹

安装 V 形架时必须先将平口钳两夹紧面擦干净，利用百分表校正钳口夹紧面与工作台垂直，同时找正钳口夹紧面与横向或纵向工作台方向平行，以保证铣削的加工精度。

5. 铣床用卡盘装夹

对圆盘料在数控铣床上的装夹一般多用三爪或四爪卡盘,如图 7-31 所示。

6. 组合夹具装夹

组合夹具是一种标准化、系列化、通用化程度很高的工艺装备,应用广泛。按照一定的工艺要求,由一套预先制造好的通用标准元件和部件组合而成的夹具。其特点是:可拆卸、可组装,是一种较为经济的夹具。

图 7-31　三爪卡盘与四爪卡盘

组合夹具分为槽系组合夹具和孔系组合夹具两类。

(1)槽系组合夹具如图 7-32 所示。槽系组合夹具是靠基础板上标准间距、相互平行及相互垂直的 T 型槽或键槽,通过键在槽中的定位,就能准确定位各元件在夹具中的位置,再通过螺栓的连接而组合在一起,分大、中、小三种规格。分基础件由支承件、定位件、压紧件、导向件、紧固件、合件及其他件等进行组合。

图 7-32　槽系组合夹具体

(2)孔系组合夹具如图 7-33 所示。孔系组合夹具是指夹具元件之间的相互位置由孔和定位销来决定,元件之间由螺栓连接,在使用时能够快速地组装成机床夹具,特点是结构简单、刚性好、组装方便、定位精度较高。如油泵壳体和端盖在孔系组合夹具上装夹。

图 7-33　孔系组合夹具

7.2.2　数控铣床夹具的组成实例

数控铣床上铣连杆槽的夹具,如图 7-34 所示。

1—夹具体；2—压板；3,7—螺母；4,5—垫圈；6—螺栓；8—弹簧；9—定位键；10—菱形销；11—圆柱销

图 7-34　连杆铣槽机床夹具

工件在夹具中的位置是靠夹具体 1 的上平面、圆柱销 11 和菱形销 10 保证。夹紧时,转动螺母 7 压下压板 2,压板 2 的一端压着夹具体,另一端压紧工件,保证工件的正确位置不变。由此可以看出,数控机床夹具由以下几部分组成。

1. 定位装置

定位装置由定位元件及其组合而构成的。它用于确定工件在夹具中的正确位置。如图7-34中的圆柱销 11、菱形销 10 等都是定位元件。

2. 夹紧装置

夹紧装置用于保证工件在夹具中的夹紧,使其在外力作用下不会产生移动。它包括夹紧元件、传动元件以及动力元件等。如图 7-34 中的压板 2、螺母 3 和 7、垫圈 4 和 5、螺栓 6 及弹簧 8 等元件组成的装置都是夹紧装置。

3. 夹具体

夹具体用于连接夹具上每个元件以及装置,使其成为一个整体的基础件,以保证夹具的精度和刚度。如图 7-34 中的夹具体 1,夹具体常为铸件、锻件及焊接件结构。

4. 其他元件及装置

其他元件及装置是指夹具中因特殊需要而设置的装置或元件。为了方便、准确地定位,常设置预定位装置、分度装置等;对于大型夹具,常设置吊装元件、平衡块、气压或液压操纵机构等。

7.2.3　工件在夹具中的夹紧

在工件的加工过程中,工件受到切削力、离心力、惯性力等的作用,为了保证工件在加工时能有

一个正确的加工位置而不至于发生振动或偏移,夹具中应设置夹紧工件装置。

1. 夹紧装置的基本要求

夹紧力的大小应适中不使工件变形,夹紧力的方向有助于定位,夹紧加力时工件不位移,工件加工时不松动,夹具工艺性好、结构尽量简单、便于制造、操作方便、生产效率高。

2. 夹紧力三要素的确定

力的大小、方向和作用点构成夹紧力的三要素,对夹紧机构的设计起着决定性的作用。

(1)夹紧力方向的确定。夹紧力方向应有助于定位,指向定位基准如图7-35(a)所示;夹紧力的方向应处于工件刚性较好的部位或使夹紧力均匀分布,以减小工件的夹紧变形,这样还可以使夹紧机构轻便、紧凑,如图7-35(b)所示;另外夹紧力方向应选在工件刚性较好的一面,如图7-35(c)所示。

| (a) F作用在两个支承面上 | (b) F作用在刚性好的部位 | (c) F作用在指向定位基准部位 |

图7-35 夹紧力方向作用的部位

(2)夹紧力作用点的选择。夹紧力作用点应落到工件刚度较好的部位,以防止或减小工件变形及产生振动,如图7-36所示;夹紧力的作用点还应靠近加工表面,以减小切削力对夹紧点的翻转力矩;另外夹紧力的作用点还应落在定位的支撑范围内,否则会使工件倾斜或移动,如图7-37所示。

图7-36 夹紧力作用点的正确位置

图7-37 夹紧力作用点的错误位置

(3)夹紧力大小的确定。夹紧力的大小,对工件安装的可靠性、工件和夹具的变形、夹紧机构的复杂程度等有很大关系。夹紧力大小要适当,过大会使工件变形,过小则在加工时工件会松动,造成报废甚至发生事故。

 相关链接

　　夹紧力三要素的确定,是一个综合性问题。必须全面考虑工件的结构特点、工艺方法、定位元件的结构和布置等多种因素,才能最后确定并具体设计出较为理想的夹紧机构。

3. 基本夹紧机构

夹紧力是通过夹紧机构来实现的,在数控铣床上的夹紧机构常用螺旋夹紧机构、杠杆旋压板夹紧机构、斜楔夹紧机构应用较多。

（1）螺旋夹紧机构。采用螺旋直接夹紧或螺杆作中间传力元件组合实现夹紧的机构，称为螺旋夹紧机构。螺旋夹紧机构具有结构简单、螺旋升角较小、夹紧力大、自锁性好和制造方便等优点，适用于手动夹紧，因而在机床夹具中得到广泛应用。

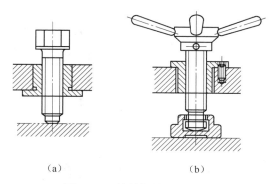

（a） （b）

图 7-38　简单螺旋夹紧机构

①简单螺旋夹紧机构。一是用螺旋丝杆钉头部直接压紧工件，如图 7-38（a）所示。缺点是：工件直接受压，表面易造成压痕，并且易带动工件一起转动；二是用螺旋杆的钉头部附有摆动的压块，如图 7-38（b）所示。以克服前者的缺点。摆动压块的结构已经标准化，使用时可根据夹紧表面来选择。

②螺旋压板夹紧机构。在夹紧机构中，螺旋压板夹紧机构应用很广，类型繁多，但结构尺寸均已标准化，常见典型螺旋压板结构如图 7-39 所示。都是利用杠杆原理实现对工件的夹紧，由于杠杆比不同，夹紧力也不同。

（a） （b） （c）

图 7-39　螺旋压板夹紧机构

（2）斜楔夹紧机构。利用斜面直接或间接夹紧工件的机构称为斜楔夹紧机构。它是夹紧机构中最基本的一种形式，如图 7-40 所示。其特点是楔块夹紧的自锁性强、可靠性高、结构简单，夹紧力和楔块夹紧行程小、操作不便，常用于机动夹紧或组合夹紧机构中。

（3）其他夹紧机构。

①定心夹紧机构。定心夹紧机构是一种同时实现对工件定心、定位和夹紧的夹紧机构。即在夹紧过程中，能使工件相对于某一对称面保持对称性。当被加工面以中心要素为工序基准时，为了使基准重合以减少定位误差，常采用定心夹紧机构。定心夹紧机构具有定心和夹紧两种功能，如典型实例为安装在铣床工作台上的三爪自定心卡盘夹紧工件，两个 V 形架配合平钳口装夹圆棒料，如图 7-41 所示。

②联动夹紧机构。联动夹紧机构是操作一个手柄或用一个动力装置在几个夹紧位置上同时夹紧一个工件（单件多位夹紧）或夹紧几个工件（多件多位夹紧）的夹紧机构。根据工件的特点和要求，为了减少工件装夹时间，提高生产率，简化结构，常采用联动夹紧机构。

③气、液压传动夹紧机构。通过手工对夹具传力机构施加力使工件夹紧，称为手动夹紧。而现

代高效率的夹具,大多采用机动夹紧,其动力包括:气动、液压、电动、电磁等。数控铣床常用的是气动和液压传动装置。

④气压传动夹紧机构。气压传动夹紧机构以压缩空气为动力的气压夹紧,动作迅速,压力可调,污染小,设备维护简单,夹紧刚性稍差。

⑤液压传动夹紧机构。液压传动夹紧机构以压力油作为介质,其工作原理与气压传动相似。但与气压传动装置相比,具有夹紧力大,夹紧刚性好,夹紧可靠,液压缸体积小及噪声小等优点。

图 7-40　斜楔夹紧机构

图 7-41　定心夹紧机构

 相关链接

　　一般情况下,单件生产时采用通用夹具,对于尺寸小、外形规整的四方形工件常采用机用平口钳装夹,而对于大型工件一般采用压板和螺栓装夹,小型圆盘类零件也可以采用机用三爪卡盘进行装夹;批量生产时尽量选用组合夹具和专用夹具。另外在使用夹具时,要注意夹具的精度一定要和零件的定位精度相一致。

7.3　数控铣床(加工中心)常用刀具

　　数控铣床(加工中心)刀具必须适应数控机床高速、高效和自动化程度高的特点,这就要求其刀具本身应具有高效率、高精度、高可靠性和专业化的特点,广泛应用于高速切削、精密和超精密加工、干切削、硬切削和难加工材料的加工等先进制造技术领域。

7.3.1　数控铣削刀具的分类及常用刀具

　　在数控铣床上使用的刀具主要是铣刀,铣刀是刀齿分布在旋转表面或端面上的多刃刀具,其几何形状较复杂,种类较多。

　　1. 数控铣削刀具的分类

　　(1)按铣刀切削部分的材料分为高速钢铣刀、硬质合金铣刀。

　　(2)按铣刀结构形式分为整体式铣刀、镶齿式铣刀、可转位式铣刀。

　　(3)按铣刀的安装方法分为带孔铣刀、带柄铣刀。

　　(4)按铣刀的形状和用途又可分为端铣刀、立铣刀、球头铣刀、三面刃盘铣刀、环形铣刀、圆柱铣刀、键槽铣刀及镗铣刀等。

　　(5)按加工方式分为铣削刀具、钻削刀具、镗削刀具、铰削刀具、螺纹加工刀具等。

　　(6)按孔加工方式分为麻花钻、锪钻、铰刀、镗刀、丝锥等。

2. 数控铣削常用刀具

针对不同的加工要求,铣削刀具常用的有:圆柱铣刀、端铣刀、键槽铣刀、立铣刀、模具铣刀、半圆键槽铣刀、三面刃铣刀、角度铣刀、锯片铣刀等,如图 7-42 所示。

（a）圆柱铣刀　　　（b）端铣刀　　　（c）面铣刀　　　（d）键槽铣刀

（e）立铣刀　　　（f）模具铣刀　　　（g）半圆槽铣刀　　　（h）锯片铣刀

（i）燕尾槽铣刀　　　（j）T型槽铣刀　　　（k）指状成形齿轮铣刀　　　（l）齿轮成形铣刀

图 7-42　常见铣刀的种类

7.3.2　数控铣床(加工中心)常用刀具的组成及安装

数控铣床(加工中心)常用刀具由刃具和刀柄组成,刃具包括:钻头、铣刀、铰刀、丝锥、镗刀等,刀柄要求规定铣床配备相应的刀柄及拉钉的标准、尺寸和规格,否则无法安装。

1. 刀柄

数控铣床所使用的刃具是通过刀柄与主轴相连的,刀柄通过拉钉(见图 7-43)、主轴内的拉刀装置固定在主轴上,拉钉通过螺纹与刀柄相连。机床通过拉紧拉钉将刀柄与刃具固定在主轴上。根据各个机床生产厂的出厂标准不同,机床刀柄拉紧机构也不统一。

在装配数控铣刀时,通过卡簧(见图 7-44)实现刀柄与刃具之间的连接,不同直径的刃具配有相同直径的卡簧,从而可以实现一种规格的刀柄装配出多种尺寸的刃具。刀柄的锥体在拉杆轴向拉力的作用下,紧密与主轴的内锥面接触,由刀柄夹持传递转速、扭矩。因此,刀柄的强度、刚性、耐磨性、制造精度以及夹紧力等对加工有直接影响。

常用的刀柄与主轴的配合锥面一般采用 7:24 的锥柄,由于这种锥柄具有不自锁的优点,可以实现快速装卸刀具,常用刀柄按刀具夹紧方式不同可分为:弹簧夹头刀柄(见图 7-45)和强力铣刀刀柄(见图 7-46)。

图 7-43　拉钉

图 7-44　卡簧

图 7-45　弹簧夹头刀柄

图 7-46　强力铣刀刀柄

　　按所夹持的刃具可以分为:圆柱铣刀刀柄(见图 7-47)用于夹持圆柱铣刀;面铣刀刀柄(见图 7-48)用于与面铣刀盘配套使用;丝锥刀柄由(见图 7-49)夹头柄部和丝锥夹套两部分组成,攻螺纹时能自动补偿螺距,攻螺纹夹套有转矩过载保护装置,以防止机攻时丝锥折断。

图 7-47　圆柱铣刀刀柄

图 7-48　面铣刀刀柄

图 7-49　丝锥刀柄

　　按钻头直径大小可以分为直柄钻头刀柄用于装夹直径在 $\phi13$ mm 以下的钻头,如直柄麻花钻等,如图 7-50 所示。钻头直径大于 $\phi13$ mm 以上多采用锥柄形式。锥柄钻头刀柄用于夹持莫氏锥度刀杆的钻头、铰刀等,带有扁尾槽及装卸槽,如图 7-51 所示,镗刀刀柄用于各种尺寸孔的镗削加工,有单刃、双刃以及重切削等类型。在孔加工刀具中占有较大比重,是孔精加工的主要手段,其性能要求也很高,如图 7-52 所示。

图 7-50　钻夹头刀柄

图 7-51　锥柄钻头刀柄

图 7-52　镗刀刀柄

　　常用刀柄的型式和尺寸代号见表 7-1。

表 7-1　TSG 工具系统刀具柄部的形式和尺寸代号

柄部的形式		柄部的尺寸	
代号	代号意义	代号含义	举例
BT	7∶24 锥度的锥柄,柄部带机械手夹持槽	ISO 锥度号	BT40
JT	加工中心用锥柄,柄部带机械手夹持槽	ISO 锥度号	JT50
ST	一般数控机床用锥柄,柄部无机械手夹持槽	ISO 锥度号	ST40
MTW	无扁尾莫氏锥柄	莫氏锥度号	MTW3
MT	有扁尾莫氏锥柄	莫氏锥度号	MT1
ZB	直柄接杆	直径尺寸	ZB32
KH	7∶24 锥度的锥柄接杆	锥柄的锥度号	KH45

2. 刃具

在数控铣床(加工中心)上使用的刃具主要是铣刀,铣刀是刀齿分布在旋转表面或端面上的一种多刃刀具,其几何形状较复杂,种类较多,与普通铣床的刀具相比较,数控铣削(加工中心)刃具具有制造精度更高,要求高速、高效率加工,刀具使用寿命更长。刀具的材质选用高速钢、硬质合金、立方氮化硼、人造金刚石等,高速钢、硬质合金采用 TiC 和 TiN 涂层及 TiC-TiN 复合涂层来提高刀具使用寿命。在结构形式上,采用整体硬质合金(高速钢)铣刀、整体成形铣刀及可转位机夹铣刀。

(1)整体硬质合金(高速钢)铣刀是数控铣床上应用较多的一种铣刀,主要分为平底立铣刀、键槽立铣刀和球状立铣刀。

①平底立铣刀。平底立铣刀是数控铣削加工中应用最广的铣刀,主要用在立式铣床上加工凹槽、台阶面及成形面等。特征为主切削刃分布在铣刀的圆柱面上,副切削刃分布在铣刀的顶端面上,且顶端面中心有顶尖孔,因此,铣削时一般不能沿铣刀轴向做进给运动,只能沿铣刀径向做进给运动,常见平底多刃立铣刀如图 7-53(a)所示。

②键槽立铣刀。平底多刃立铣刀与键槽铣刀的区别主要在于平底多刃立铣刀是用来加工平面,且对侧刃要求切削平稳,一般做成三个以上的刀齿。由于刀齿呈螺旋形,在铣削时有两个以上的刀齿同时参与切削,工作平稳,排屑良好,加工效率较高,容易得到良好的加工表面,而键槽铣刀主要用来加工键槽,要求一次铣削出的键槽宽度尺寸符合技术要求,为消除径向切削力的影响,故将刀具设计为两个互相对称的刀齿,如图 7-53(b)所示。在铣削时,分布在两个刀齿上的切削力距形成力偶,径向力互相抵消,因此,一次可以加工出与刀具回转直径相同宽度的键槽。

(a)平底多刃立铣刀　　　　(b)键槽立铣刀　　　　(c)球头立铣刀

图 7-53　立铣刀

平底多刃立铣刀与键槽铣刀外形相似有直柄、锥柄之分,但使用方法不同,平底多刃立铣刀有三个或三个以上的刀齿,圆周切削刃是主切削刃,用于加工内、外轮廓面,且只能沿刀具径向做进给运动。而键槽铣刀仅有两个刀齿,端面铣削刃为主切削刃,强度较高,圆周切削刃是副切削刃,专门用于加工圆头封闭槽,可沿刀具轴线或径向做进给运动。

③球状立铣刀。刀具的端面不是平面,而是带切削刃的球面,刀体形状有圆柱形和圆锥形两种,又分为整体式和机夹式。球头铣刀主要用于模具的曲面铣削加工,加工时一般采用三坐标联动,铣削时不仅能沿铣刀轴向进给,也能沿铣刀径向进给,刀具与工件的接触往往为一点。可加工出各种形状复杂的成形表面,如图7-53(c)所示。

(2)整体成形铣刀整体成形铣刀一般都是为特定的工件或加工内容专门设计制造的专用刀具,适用于加工平面类零件的特定形状的孔、角度面、凹槽面等,也适于特形孔或台,常用于模型面的加工,几种常见成形刀铣刀的外形,如图7-54所示。

图7-54 几种常见整体成形铣刀

(3)可转位机夹铣刀。可转位机夹铣刀也是数控铣床(加工中心)上应用较多的一类铣刀,主要分为机夹可转位圆柱立铣刀、机夹可转位三面刃直槽铣刀及机夹可转位面铣刀等。

①机夹可转位圆柱立铣刀。机夹可转位圆柱立铣刀的刀片呈螺旋线排列,加工中同时参与切削的刃口增加,切削力平稳,排屑流畅,一刀多用。广泛应用于各种的粗加工、半精加工,如模具型腔粗加工,铣削较宽、较深的槽时有显著优势,如图7-55所示。

②机夹可转位三面刃直槽铣刀。机夹可转位三面刃直槽铣刀主要用来加工直沟槽或台阶面,它的圆周上是主切削刃,两侧面是副切削刃,如图7-56所示。

图7-55 机夹圆柱立铣刀及切削加工示意图 　　　　图7-56 三面刃直槽铣刀

③机夹可转位面铣刀。机夹可转位面铣刀的圆周表面和端面上都有切削刃,端部切削刃为副切削刃,多制成套式镶齿结构和刀片机夹可转位结构如图7-57所示,主要包括:R型面铣刀适合于螺旋差补铣、坡走铣和曲面铣等。45°面铣刀适用于各种面铣加工及倒角加工,90°面铣刀适用于一些开槽加工。

由于面铣刀刀体重量轻、容屑空间大，排屑流畅，切削轻快，通用性好，因此，既可以用于粗加工，也可以用于精加工。

（a）R形面铣刀　　　　　　（b）45°面铣刀　　　　　　（c）90°面铣刀

图 7-57　机夹可转位面铣刀

④机夹螺纹铣刀。对于较大直径，如 $D>25$ mm 内、外螺纹加工，一般采用铣削方式完成，如图 7-58 所示。切削螺纹刀片既可以是单面，也可以是双面。特点是刀片易于制造，价格较低，可以加工具有相同螺距的任意螺纹直径，可以按所需公差要求加工，螺纹尺寸是由加工循环控制；不受加工材料的限制，那些无法用传统方法加工的材料可以用螺纹铣刀进行加工；但抗冲击性能较整体螺纹铣刀稍差。

⑤镗削刀具。镗孔是用镗刀对已有的孔进行进一步加工，以精确地保证孔系的尺寸精度和形位精度，并纠正上道工序的误差。常用镗刀由单刃镗刀和双刃镗刀。

a. 单刃镗刀。常见的单刃镗刀切削部分的形状与车刀相似，如图 7-59 所示。

b. 双刃镗刀。双刃镗刀是指镗刀的两端有一对称的切削刃同时参与切削，其优点是平衡性好，可以消除径向力对镗杆的影响，可以用较大的切削用量，对刀杆刚度要求低，不易振动，所以切削效率高，如图 7-60 所示。

图 7-58　机夹螺纹铣刀　　　　　　图 7-59　单刃镗刀　　　　图 7-60　双刃镗刀

数控铣刀种类和尺寸一般根据加工表面的形状特点和尺寸选择，具体见表 7-2。

3. 铣刀的安装

（1）刀具在刀柄中的安装。

铣刀安装在刀柄上以后才能装夹在机床主轴上，刀柄多为直柄结构，其分解图如图 7-61 所示，采用弹簧夹头装置将铣刀夹紧，具体应根据刀具直径尺寸选择相应的弹簧夹套，将铣刀杆装入弹簧夹套孔内，可根据加工深度控制刀具伸出量，再将弹簧夹套装入锁紧螺母内，然后放入锁刀座，用钩扳手顺时针锁紧螺母如图 7-62 所示。

表 7-2　铣削加工部位及所使用铣刀的类型

序号	加工部位	可使用铣刀类型	序号	加工部位	可使用铣刀类型
1	平面	可转位平面铣刀	9	较大曲面	多刀片可转位球头铣刀
2	带倒角的开敞槽	可转位倒角平面铣刀	10	大曲面	可转位圆刀片面铣刀
3	T型槽	可转位T型槽铣刀	11	倒角	可转位倒角铣刀
4	带圆角开敞深槽	加长柄可转位圆刀片铣刀	12	型腔	可转位圆刀片立铣刀
5	一般曲面	整体硬质合金球头铣刀	13	外形粗加工	可转位圆柱铣刀
6	较深曲面	加长整体硬质合金球头铣刀	14	台阶平面	可转位直角平面铣刀
7	曲面	多刀片可转位球头铣刀	15	直角腔槽	可转位立铣刀
8	曲面	单刀片可转位球头铣刀			

（2）刀具在数控机床主轴中的安装。

打开供气气泵，向数控铣床的气动装置供气；手握刀柄底部，将刀柄柄部伸入主轴锥孔中；按下气动按钮，同时向上推刀柄；松开气动按钮，然后松开握刀柄的手，完成刀柄在铣床上的安装，如图7-63所示。

图 7-61　铣刀柄结构分解图

图 7-62　锁刀座及钩扳手

图 7-63　刀柄在铣床主轴上的安装

相关链接

HSK 刀柄被誉为"21世纪刀柄"，是一种新型的高速锥型刀柄，其接口采用锥面和端面两面同时定位，刀柄为中空，锥体长度较短，有利于实现换刀轻型化及高速化。由于采用端面定位，完全消除了轴向定位误差，使高速、高精度加工成为可能。这种刀柄在高速加工中心上广泛应用，它与传统铣床主轴端部结构和刀柄不兼容，不能直接用于传统的机床。

7.3.3　铣刀的选择

在数控铣削加工中针对各种加工表面，如各类平面、垂直面、直角面、直槽、曲底直槽、型腔、斜面、斜槽、曲底斜槽、曲面等。由于可转位铣刀结构各异、规格繁多，选用时都会对刀具形式（整体、机夹）、刀具形状（刀具类型、刀片形状及刀槽形状）、刀具直径大小、刀具材料等方面作出选择，选用的正确与否将直接关系到零件的加工精度、加工效率等。

1. 根据加工表面形状和尺寸选择各种刀具的类型

选择面铣刀加工大平面;选择立铣刀加工凸台、凹槽及平面曲线轮廓;选择硬质合金铣刀加工毛坯平面;选用球状立铣刀加工模具型腔;选择键槽铣刀加工键槽;选用成形铣刀加工各种圆弧形凹槽、斜角面及特殊孔等。

2. 根据加工表面特点及切削条件选择面铣刀形式

在加工平面时,选择90°面铣刀加工台阶面;选择R型面铣刀切削刃强度高,随切削深度不同,其主偏角和切屑负载均会变化,切屑很薄,最适合加工耐热合金及对敞开平面的加工;选择负前角铣刀强力间断切削加工铸件、锻件表层;选择正前角加工碳素钢等软性钢材表面;选择45°面铣刀加工倒角过渡面等。

3. 根据加工零件尺寸选择立铣刀合理的刀具参数

立铣刀是数控加工刀具中常用的刀具,立铣刀加工时所涉及的参数,选择直径主要考虑工件内腔加工尺寸的要求;选择端面刃圆角半径一般应与零件图样底面圆角相等,但端面刃圆角半径越大,刀具的铣削平面能力越差,效率越低,加工时应保证刀具所需功率在机床额定功率范围以内;选用小直径立铣刀,还要考虑机床的最高转速能否达到刀具的最低切削速度要求。

4. 根据加工条件选取最大背吃刀量

对于各种不同系列的可转位铣刀都有着相应的最大背吃刀量,一般来说,刀片的尺寸越大,允许的背吃刀量越大,价格越高,相应成本越高。因此,在选取最大背吃刀量时,应按所配备刀片的尺寸规格、质量、试切精度、加工经验、机床的额定功率和刚性进行综合判断。

7.3.4 铣刀片在刀体上的安装

铣刀片在刀体上的安装直接影响到刀具的精度、刀片的刚度、受力,从而直接影响刀具工作质量。

1. 铣刀片的安装方式

铣刀片的结构形式有多种,安装时要看刀片在刀体上的排列方式常用有径向安装方式,如图7-64(a)所示。即刀片沿着刀体的径向插入,也称平装方式,该刀体的结构工艺性好,容易加工,采用无孔刀片,缺点是容屑空间小,一般用于轻型和重型的铣削加工;轴向安装方式,即刀片沿着刀体的轴向插入也称立装方式,如图7-64(b)所示。

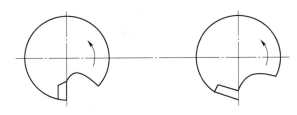

(a) 径向安装刀片　　　　(b) 轴向安装刀片

图7-64　铣刀刀片安装方式

该刀体结构简单,转位方便,刀具零件少,容屑空间大,可进行大切深、能承受较大的冲击力和大进给量切削,缺点是刀体加工难度大,一般用于重型的铣削加工。

2. 铣刀片的夹紧

可转位铣刀片有多种刀片夹紧方式,目前应用最多的是侧压式和上压式两种。

(1)侧压式。面铣刀及单刃铰刀等少数可转位铣刀片,采用侧压式夹紧机构如图7-65所示为单刃铰刀结构。一般利用刀片本身的斜面,由楔块(楔块套)和螺钉从刀片一面来夹紧刀片。特点是刀片径向安装,对刀槽制造精度的要求可适当降低,刀片用钝后可重换另一面。

（2）上压式。上压式是一种通过刀片螺钉来压紧刀片的机夹可转位铣刀，如图7-66所示。其特点是结构简单，夹固牢靠，使用方便，刀片平装，用钝后卸下刀片换角度重新紧固，是加工中应用最广泛的一种。

图7-65　单刃铰刀、楔块套夹紧机构

图7-66　面铣刀片、上压式夹紧机构

7.3.5　数控铣床常用对刀工具

1. X、Y 轴寻边器与 Z 轴设定器对刀

X、Y 轴寻边器和 Z 轴设定器都是用于对刀的专用工具，其外形如图7-67所示。它们分别用于 X、Y 向对刀和 Z 向对刀。

（1）光电（偶合）式寻边器。如图7-67（a）所示，光电式寻边器也是用于确定工件坐标系原点在机床坐标系中的 X、Y 的坐标值，计算方法和测试过程与机械式寻边器相同，但测试原理不同，它的测头一般为10 mm的钢球作为触头，当它碰到工件时可以退让，触头和柄部之间有一个固定电位差，当触头与金属工件接触时，即通过床身形成回路电流，寻边器上的指示灯亮起红光并发出响声，逐步降低步进量，使触头与工件表面处于极限接触，这时进一步即点亮，退一步则熄灭，即认为定位到工件表面的位置处，其精度很高。

（a）光电（耦合）式寻边器　　　（b）机械（偏心）式寻边器　　　（c）Z轴设定器

图7-67　常用对刀工具

（2）机械（偏心）式寻边器。如图7-67（b）所示，X、Y 向对刀将偏心式寻边器装到主轴上，启动主轴，在 X 方向手动控制机床使寻边器缓慢靠近被测表面，直至寻边器上、下两部分由不平衡状态[如图7-68（a）]达到同轴平衡状态[如图7-68（b）]。记下寻边器在零件相对两侧面机床当前 X 坐标值 X_1、X_2 则 X 向对称中心在机床坐标系下的坐标：$(X_1+X_2)/2$ 同理，可测得 Y 坐标值。

（3）Z 轴设定器。如图7-67（c）所示，将刀具装在主轴上，把 Z 向定位器放置在工件表面上，

手动移动刀具慢慢靠近 Z 向定位器,使铣刀的底刃与定位器的上表面轻微接触,通过仪器上的指针来判别刀具到工件上表面的准确距离,Z 轴设定器高度一般为 50~100 mm。将此时机床坐标系下的 Z 值减去定位器的高度值,即得到工件坐标原点的 Z 值。

2. 块规对刀

块规对刀过程与试切法对刀一样,只是对刀过程中主轴不能旋转,装在机床主轴上的对刀工具可以是铣刀或标准的验棒。对刀时,使对刀工具逐渐接近工件,使块规在对刀工具和工件之间移动,如果感觉松紧合适,则记下此时位置的机床坐标值。

（a）不平衡状态　　（b）平衡状态

图 7-68　机械式寻边仪工作状态

 拓展延伸

对于表面是未经过加工的毛坯表面,可以用铣刀直接试切对刀,但如果对于是已经加工过的表面,而且在后序加工中不能被破坏的表面,则需要用寻边器进行对刀,两者的对刀原理一样,都需要找正毛坯件的正对两侧面。

小 结

一、常见数控铣床、结构、夹具一览表

数控铣床	按主轴结构形式分类	立式数控铣床,主轴轴线垂直于水平面的数控铣床
		卧式数控铣床,主轴轴线平行于水平面的数控铣床
		龙门数据铣床,这类数控铣床主轴可以在龙门架的横向与垂直方向上、下做进给运动
		立、卧两用铣床,主轴轴线可以变换,同时具备立、卧铣床两种功能
	按控制功能分类	经济型型,属于低、中档铣床,多为开环控制,成本低
		全功能型,加工适用性强、功能强,可实现四坐标或以上的联动
		高速型,数控系统功能强大,配以加工性能优越的刀具系统
数控加工中心	按控制功能分类	立式数控加工中心
		卧式数控加工中心
		复合式数控加工中心
	刀库形式	盘式刀库
		链式刀库
	换刀方式	无机械手换刀
		有无机械手换刀
结构	铣床主机	包括主轴箱、主轴传动系统、横梁、立柱、底座、工作台和进给机构等
	数控系统（CNC 装置）	是数控铣床运动控制的核心,执行数控加工程序实现控制机床的加工
	进给伺服系统	包括主轴电动机、进给伺服电动机和进给执行机构等
	控制面板（操纵台）	包括操纵台上 CRT 显示器、操作控制按键和各种开关及指示灯等
	辅助装置	包括液压、气动、润滑、冷却系统、排屑和防护等装置

夹具	通用夹具	是指结构、尺寸已经规格化,且具有一定通用性的夹具
	专用夹具	是针对某一工件的某一工序的加工要求而专门设计制造的夹具
	可调夹具	是针对通用夹具和专用夹具的缺陷而发展起来的一类新型夹具
	组合夹具	槽系组合夹具,通过基础板上键来定位,再通过螺栓的连接而组合
		孔系组合夹具,元件之间的位置由孔和销定位,再由螺栓连接
刀具	圆柱(玉米)立铣刀	应用于各种的粗加工、半精加工,如模具型腔粗加工
	立铣刀	通用立铣刀,应用较广,但切削效率低,用于平面轮廓零件的加工
		键槽立铣刀,用于立式铣床上加工圆头封闭键槽等
		球状立铣刀,可加工出各种形状复杂的成形表面
	面铣刀	R型面铣刀,适合于螺旋差补铣、坡走铣和曲面铣等
		45°面铣刀,适用于各种面铣加工及倒角加工
		90°面铣刀,适用于一些开槽加工
	三面刃直槽铣刀	主要用来加工直沟槽或台阶面等
	成形铣刀	适用于加工平面类零件的特定形状的孔、角度面、凹槽面等
	机夹螺纹铣刀	对于直径大于25mm的内、外螺纹,可用机夹螺纹铣刀加工
	镗削刀具	对已有的孔进行进一步加工,以精确地保证孔系的尺寸精度和形位精度

二、夹紧力三要素的确定

力的大小、方向和作用点构成夹紧力的三要素,它主要对夹紧机构的设计起着决定性的作用。

三、数控车床常用刀柄分类

按刀具夹紧方式可分	弹簧夹头刀柄有弹簧夹头ER型和强力KM型两种,KM型紧夹力大,适合于强力铣削
	侧固式刀柄采用侧向夹紧,适用于切削力大的加工
	冷缩夹紧刀柄采用热胀冷缩夹紧刀柄和刃具有整体特性,夹紧力大,同轴度好
	液压夹紧刀柄,用于粗加工和半精加工
按所夹持的刃具分	圆柱铣刀刀柄,用于夹持圆柱铣刀
	面铣刀刀柄,用于与面铣刀盘配套使用
	丝锥刀柄,刀柄由夹头柄部和丝锥夹套两部分组成,攻螺纹时能自动补偿螺距,攻螺纹夹套有转矩过载保护装置
	直柄钻头刀柄有整体式和分离式两种,用于装夹直径在13 mm以下的中心钻、直柄麻花钻等
	锥柄钻头刀柄,用于夹持莫氏锥度刀杆的钻头、铰刀等,带有扁尾槽及装卸槽
	镗刀刀柄,用于各种尺寸孔的镗削加工,有单刃与双刃及重切削刀柄之分

复习题

一、填空题

1. 铣刀按切削部分材料分类,可分为_____铣刀和_____铣刀。

2. 铣刀若按结构分类,可分为整体铣刀、镶齿铣刀和_____铣刀。

3. 数控铣床具有多坐标轴联动功能,铣削主要包括_____、_____和_____,也可以对零件进行_____、_____、_____等加工。

4. 铣削宽度为 100 mm 的平面切除效率较高的铣刀为_____铣刀。

5. 数控铣床一般由_____、_____、_____、_____、_____和_____等几大部分组成。

6. 数控加工中心按其功能可分为_____、_____和_____三种。

7. 数控加工中心刀库一般可分为_____和_____两种形式。

8. 组合夹具的特点为_____、_____是理想的经济型夹具。

9. 夹紧力三要素是_____、_____和_____。

10. 整体立铣刀主要分为_____、_____和_____三种形式。

11. 数控铣刀刀柄的标准锥度是_____。

12. 机夹可转位面铣刀可分为_____、_____和_____三种形式。

二、选择题

1. 以直径 12 mm 的端铣刀铣削 5 mm 深的孔,结果孔径为 12.55 mm,其主要原因是(　　)。
   A. 工件松动　　B. 刀具松动　　C. 平口钳松动　　D. 刀具夹头的中心偏置

2. 加工中心与数控铣床的主要区别是(　　)。
   A. 数控系统复杂程度不同　　　　B. 机床精度不同
   C. 有无自动换刀系统　　　　　　D. 是否具有自动换刀功能

3. 数控铣床的基本控制轴数是(　　)。
   A. 一轴　　　　B. 二轴　　　　C. 三轴　　　　D. 四轴

4. 使用压板固定工件时,压板螺栓的位置应靠近(　　)。
   A. 压板中央处　　B. 顶块　　C. 工件　　D. 任意位置

5. 形状较复杂且体积较大的工件,一般都采用(　　)。
   A. 直接夹持于床台上　　　　　　B. 用虎钳夹持
   C. 工件本身重不必夹持　　　　　D. 焊在床台上

6. 工件尽可能夹持于平口钳口的(　　)。
   A. 右方　　　　B. 左方　　　　C. 中央　　　　D. 任意位置

7. 数控铣床成功地解决了(　　)生产自动化问题,并提高了生产效率。
   A. 单件　　　　B. 大量　　　　C. 中、小批　　　　D. 超批量

三、判断题

1. 数控铣床属于直线控制系统机床。　　　　　　　　　　　　　　　　　　(　　)

2. 弹簧夹头刀柄用于夹持直柄铣刀,也可用于夹持斜柄铣刀。　　　　　　　(　　)

3. 除两刃式端铣刀外,一般端铣刀端面中心无切削作用。 ( )

4. 铣削时,可以利用三爪卡盘夹持圆形工件。 ( )

5. 球形端铣刀适用于模具的型腔加工。 ( )

6. 在可能情况下,铣削平面宜尽量采用较大直径铣刀。 ( )

7. 用键槽铣刀和立铣刀铣封闭式沟槽时,都需要事先钻好落刀孔。 ( )

8. 端铣刀不仅可用端面刀刃铣削,也可用柱面刀刃铣削。 ( )

四、简答题

1. 数控铣削适合加工什么样的零件?

2. 立式数控铣床和卧式数控铣床分别适合加工什么样的零件?

3. 数控铣削夹具选择的一般原则是什么?

4. 数控铣削的主要加工对象有哪些?

5. 数控铣床由哪些部分组成?数控装置的作用是什么?

第8章
数控铣床(加工中心)加工工艺

学习目标

➤ 了解数控铣床(加工中心)的加工工艺特点及主要内容。

➤ 会制订数控铣削加工工艺的进、退刀路径、进刀方式及切削走刀路线。

➤ 掌握零件数控铣床(加工中心)工艺分析、切削用量及铣削方式的选择。

随着社会生产和科学技术的不断发展,机械产品日趋精密复杂,尤其在航空航天、军事、造船等领域所需求的各种曲线、曲面零件,其精度要求越来越高、形状越来越复杂、对质量和生产率也提出了更高要求。

为此,对零件制订出严密的数控铣削加工工艺是一项首要工作。数控铣削加工工艺制订的合理与否,直接影响到零件的精度、加工质量、生产率和加工成本。

8.1 数控铣床(加工中心)加工工艺概述

8.1.1 数控铣床(加工中心)加工工艺的基本特点

在数控铣床(加工中心)上加工零件,首先应考虑是否符合普通数控铣削还是加工中心铣削的加工工艺特点,再结合数控设备的一些自身特点,如工件外表曲面的复杂程度、系统软件的兼容程度、工艺参数的合理选用、刀具数量及机床的夹具配置情况等。

1. 优选加工项目

对于某个零件来说,并非全部加工过程都适合在数控机床上完成,而往往只是其中的一部分需要在数控机床上加工。这就要对零件图样进行工艺分析,选择那些最适合和提高生产效率的零件在数控机床上加工,以充分体现数控加工的优势。

2. 数据规范准确

加工工艺的优化主要是程序数据的优化,是一个反复调整、尝试的过程,各项加工参数,如刀具的尺寸、刀具的补偿值、层降、步距、计算精度、进给速度等,只要任何一项发生变化,都会影响到加工的质量。另外,数控系统能实现多个坐标的联动,能完成复杂曲线、曲面的加工,关键点在于可用数学模型和坐标点坐标的数据准确性。

3. 程序合理高效

在编制加工程序时,不仅要包括零件的工艺过程,而且还包括切削用量、走刀路线、刀具尺寸以及机床的运动过程,因此,要求编程人员对数控机床的性能、特点、运动方式、刀具协调,切削规范及工件的装夹方法都要十分熟悉。

4. 工序高度集中

加工中心是集铣削、钻削、铰削、攻螺纹及铣螺纹等为一身的多功能机床,这就要求尽量将零件尺寸规格标准化,以便采用标准刀具。往往其经过一次装夹后,几乎可以完成零件的全部加工工序,在加工过程中不仅能自动交换刀具,还能实现自动交换工作台,减少了装夹误差,节省工序之间周转运输、测量和装夹等辅助时间。

8.1.2 数控铣床(加工中心)加工工艺的主要内容

(1)选择合适在数控机床上加工的零件,确定工序内容。

(2)分析被加工零件的图样,明确加工内容及技术要求。

(3)确定零件的加工方案,制订数控铣床(加工中心)的加工工艺路线。如划分工序、安排加工顺序、处理与非数控加工工序的衔接。

(4)明确数控铣削加工工序的设计内容,如选取零件的定位基准、夹具方案的确定、工步划分、刀具的选择和确定切削用量等。

(5)数控铣削加工程序的调整,如选取对刀点和换刀点、确定刀具补偿及加工路线等。

8.1.3 数控铣床(加工中心)主要适合加工对象

数控铣床(加工中心)的加工范围广,但成本高,因此,在选择其加工对象时,应以充分发挥数控机床的优势和关键作用。

(1)工件上的曲线轮廓,特别是由数学表达式给出的非圆曲线与列表曲线等曲线轮廓。

(2)已给出数学模型的空间曲面。

(3)形状复杂、尺寸精度要求较高、数目繁多、划线与检测困难的部位。

(4)用通用铣床加工时难以观察、测量和控制进给的内外凹槽。

(5)相互位置精度要求较高,并以尺寸协调的高精度孔和面。

(6)能够在一次装夹中集中完成多表面加工的零件。

(7)用数控铣削方式加工后,能成倍提高生产率,大大减轻劳动强度的一般加工内容。

8.2 数控铣床(加工中心)加工工艺性的分析

数控铣床(加工中心)加工工艺性的分析是编程前的重要工艺准备工作之一,工艺制订的合理与否,对编程、机床加工效率和零件加工精度都有重要影响。因此,应遵循一般的工艺原则并结合数控铣床的特点,认真详细地制订好数控铣削的加工工艺。

8.2.1 对零件尺寸公差及定位基准进行工艺性分析

1. 对零件图尺寸的有关公差进行调整

由于加工程序是以准确的坐标点来编制的,因此,各图形几何元素间的相互关系(如相切、相交、垂直和平行等)应明确,各种几何元素的条件要充分,以不引起尺寸的矛盾及影响工序安排的封闭尺寸为原则。

例如,零件在用同一把铣刀、同一个刀具半径补偿值编程加工时,由于零件轮廓各尺寸公差带不同,如图8-1所示,中间孔在镗削加工时,很难同时保证两个尺寸在尺寸公差范围内。这时一般采取的方法是:兼顾两处尺寸公差,在编程计算时需改变尺寸并移动公差带,改为对称公差,采用同一把铣刀和同一个刀具半径补偿值加工,对其公差带均应作相应改变,计算与编程时用括号内尺寸来进行。

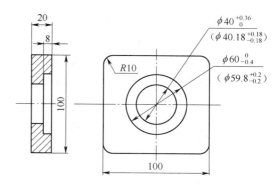

图 8-1 零件图公差调整

2. 对零件图内圆弧的有关尺寸进行调整

由于加工轮廓上内壁圆弧的尺寸往往限制刀具的尺寸。

(1)内壁转接圆弧半径 R。如图8-2所示,当工件的被加工轮廓高度 H 较小,内壁接圆弧半径 R 较大时,则可采用刀具切削刃长度 L 较小,直径 D 较大的铣刀加工。这样,底面的走刀次数较少,工艺性好且加工表面质量高。反之,铣削工艺性较差。通常当 $R<0.2H$ 时,则属工艺性较差。

(2)内壁与底面转接圆弧半径 r。如图8-3所示,当铣刀直径 D 一定时,若工件的内壁与底面转接圆弧半径 r 越小,则铣刀与铣削平面接触的最大直径 $d=D-2r$ 也越大,铣刀端刃铣削平面的面积越大,则加工平面的能力越强,因而,铣削工艺性越好,反之,工艺性越差。当底面铣削面积大,转接圆弧半径 r 也较大时,只能先用一把 r 较小的铣刀加工,再用符合转接圆弧半径 r 铣刀加工,需分两次完成切削,否则只用一把符合转接圆弧半径 r 铣刀加工效率比较低下,甚至无法完成铣削加工。因此,转接圆弧半径尺寸大小要力求合理,半径尺寸尽可能一致,以改善铣削工艺性。

图 8-2 内壁高度与内壁转接圆弧对

图 8-3 零件底面与内壁转接圆弧对

(3)保证零件定位基准统一的原则。有些工件需要在铣削完一面后,再重新安装铣削另一面,由于数控铣削时,不能像使用通用铣床加工那样用试切法接刀,为了减小两次装夹误差,最好采用统一基准定位,因此,零件上最好有合适的孔作为定位基准孔。若没有定位基准孔,也可以专门设置工艺孔或增加工艺凸台作为定位基准。若无法制出基准孔,起码也要用经过精加工的面作为统一基准,以减小二次装夹产生的误差,从而保证两次装夹加工后其相对位置的正确性。

8.2.2 对零件的结构形状进行工艺性分析

零件加工工艺取决于产品零件的结构形状,尺寸和技术要求等。因此,对零件结构的局部调整,有利于提高零件的加工精度、尺寸公差及表面粗糙度。

1. 改进零件结构,提高工艺加工性

(1)采用对称结构,简化编程,如图8-4所示。

(2)改进内壁形状,增强其结构刚性,如图8-5所示。

(a)改进前　　　　(b)改进后　　　　　　(a)改进前　　　　(b)改进后

图8-4　调整对称结构　　　　　　　　图8-5　增加结构刚性

(3)改进零件几何形状。斜面筋代替阶梯筋,简化编程提高效率,如图8-6所示。

(4)统一圆弧尺寸。减少刀具数量和更换刀具次数,以降低辅助时间,如图8-7所示。

(a)改进前　　　　(b)改进后　　　　　　(a)改进前　　　　(b)改进后

图8-6　改进零件几何形状　　　　　　图8-7　统一圆弧尺寸图示

2. 分析零件的变形情况,保证获得要求的加工精度

铣削工件在加工时的变形,将影响加工质量。这时,可采用常规方法,如粗、精加工分开及对称去余量法等,当面积较大的薄板厚度小于3 mm时,切削力及薄板的弹性退让极易产生切削面的振动,使薄板厚度尺寸公差和表面粗糙度难以保证,应改进的工件装夹方式,采用合理的加工顺序和刀具切削参数进行加工。也可采用热处理的方法,如对钢件进行调质处理,对铸铝件进行退火处理等。

8.2.3 对零件的毛坯进行工艺性分析

结合数控铣削的特点,对经常使用的铸件、模锻件、板料等毛坯进行工艺性分析,若毛坯不适合

于数控铣削,则加工将很难进行下去,它所涉及的内容包括以下几个方面:

1. 毛坯的加工余量是否充分

毛坯主要指锻、铸件,由于模锻时,欠压量与允许的错模量会造成余量多少不均等,铸造时,因沙型误差、收缩量及金属液体的流动性差,不能充满型腔等造成余量不均等。另外,毛坯的翘曲与扭曲变形量的不同也会造成加工余量不充分、不稳定,这样在数控铣削加工时,由于加工过程的自动化,要求加工面均应有较充分的余量。因此,应事先对毛坯的设计进行必要更改或在设计时就加以充分考虑,即在零件图纸注明的非加工面处要适当增加余量。

2. 批量生产时的毛坯余量是否稳定

在通用铣削加工中,批量生产也是采用单件划线串位借料的方法来解决批量毛坯余量不稳定问题。但是采用数控铣削时,没有划线工序,一次定位装夹即对工件进行自动加工。这样如果批量毛坯余量不稳定将造成大量废件。因此,除板料外,不管是锻件、铸件,还是型材,只要准备采用数控铣削加工,其加工面均应有较充分的余量。

3. 分析毛坯的余量大小及均匀性

在零件进行加工时,要分层切削,具体分几层切削。还要分析加工过程中与加工完成后的变形程度,考虑是否应采取预防性措施和补救措施。

4. 分析毛坯在安装定位方面的适应性

毛坯在加工时,为了充分发挥数控铣削在一次安装中加工出许多待加工面的特点,这样在安装定位方面,应着重在可靠性与方便性上,必要时,考虑要不要增加装夹余量或增设工艺凸台来定位与夹紧,如图8-8所示。改进前安装定位不好,改进后增设两边工艺凸耳,以利于装夹如果凸耳不受装配影响,加工后可以不去掉。另外,为了减少铣削被加工面积,两排螺钉孔位置可以凸出来。

(a) 改进前　　　　　　　(b) 改进后

图8-8　毛坯工艺性

 相关链接

对于表面是未经过加工的毛坯表面,可以用铣刀直接试切对刀,但如果对于是已经加工过的表面,而且在后序加工中不能被破坏的表面,则需要用寻边器进行对刀,两者的对刀原理一样,都需要找正毛坯件的正对两侧面。

8.3 数控铣床(加工中心)加工工艺路线的制订

数控铣床(加工中心)的加工工艺路线对零件的加工精度与表面质量有直接影响,因此,确定好工艺路线是保证铣削加工精度和表面质量的一项重要工艺措施。

8.3.1 平面铣削加工走刀路线

若铣刀的直径大于工件的宽度,铣刀能够一次切除整个平面,在同一深度不需要多次走刀,一般采用一刀式铣削。另外还有双向多次切削、单侧顺铣、单侧逆铣、顺铣法等四种方式;每一种方法在特定环境下具有不同的加工条件。

(1)一刀式平面对称铣削。其切削参数主要有:切削方向,截断方向,切削方向的超出,进刀、退刀引线长度。分为粗铣和精铣,粗、精铣的切削参数不同,走刀路线也不同,粗加工主要考虑加工效率,为精加工做准备;精加工主要保证零件的加工质量。图8-9所示(a)为粗铣,铣刀不需要完全铣出工件,图8-9(b)为精铣,铣刀需要完全铣出工件。

图 8-9 一刀式铣削

(2)双向多次铣削。铣削时顺铣和逆铣交替进行,如图8-10(a)所示。

双向多次切削除了与一刀式铣削的主要参数相同以外,还包括以下几个主要参数:切削间距、切削间的移动方式、截断方向超出量。粗、精铣时,切削间距应小于刀具直径,为了铣削编程方便切削间的移动方式一般为直线,截断方向的超出量一般取刀具直径的一半即可,如图8-10(b)所示。

图 8-10 双向多次铣削

(3)单向多次铣削。为了提高工件的表面质量,在精铣时往往采取单方向走刀路线如图8-11

所示,每次走刀均采用顺铣加工。

8.3.2 零件内、外轮廓铣削加工进、退刀路线

铣削的进、退刀路线是指数控加工过程中刀具刀
位点(对于立铣刀和端面铣刀来说,刀位点是刀具底
面的中心;对球头铣刀来说,刀位点是球头表面的中
心)相对于被加工零件的切入、切出方式,各种零件的
进、退刀方式很多,设计时应遵循的原则是:从对刀点
快进到切入点下刀,铣刀沿切向切入工件,轮廓切削
后刀具向上抬起退离工件并快速返回对刀点。

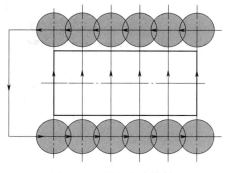

图 8-11　单向多次精铣

1. 内轮廓进给路线

(1)内曲面的进退路线。在铣削内轮廓表面时,同铣削外轮廓一样,刀具同样不能沿着轮廓曲
线的法向切入和切出。如果出现特殊情况必须法向切入切出时,此时刀具的切入切出点应尽量选
在内轮廓曲线的交点拐点处,如图 8-12(a) 所示。当内部几何元素相切无拐点时,刀具可以沿着
一过渡圆弧切入切出工件轮廓,如图 8-12 (b)所示。

（a）带拐点的内轮廓　　　　　　（b）不带拐点的内轮廓

图 8-12　刀具切入和切出内轮廓的进给路线

(2)内曲面圆角矩形的进退路线。如果内轮廓封闭,刀具进刀时,只能采用立铣刀垂直进刀,
由于垂直进刀要在进给方向上换向,在加工表面上会产生接刀痕迹。因此,除特殊情况一般应少使
用。当内部几何元素相切无拐点时,应将刀具切入、切出点远离拐角处,如图 8-13(a)所示。如果将
切入、切出点设在拐角处,在取消刀具补偿时会在轮廓拐角处留下凹痕,产生过切现象如图 8-13(b)
所示。

(3)内型腔曲面铣削的走刀路线。型腔是指以封闭曲线为边界的平底凹槽。要用键槽立铣刀
加工。刀具半径应与凹槽圆角相对应。图 8-14(a)和图 8-14(b)所示,分别为用行切法和环切法
加工型腔的走刀路线。两种路线的共同点是都能切净内腔中的全部面积,不留死角,不伤轮廓,同
时能尽量减少重复进给的搭接量。不同点是行切法的进给路线比环切法短,但行切法将在每两次

（a）远离拐角处切入、切出　　　　　（b）在拐角处切入、切出

图 8-13　内轮廓加工刀具切入和切出

进给的起点与终点间留下残留面积，而达不到所要求的表面粗糙度；用环切法获得的表面粗糙度要好于行切法，但环切法需要逐次向外扩展轮廓线，刀位点计算稍微复杂一些。

行切与环切综合法的走刀路线如图 8-14（c）所示，即先使用行切法去除中间部分余量，然后再采用环切法切最后一刀，这样既能使总的走刀路线较短，又能获得较好的表面粗糙度。

（a）行切法　　　　　　（b）环切法　　　　　　（c）行切+环切

图 8-14　铣削型腔的三种走刀路线

2. 外轮廓进给路线

在铣削外轮廓表面时一般采用键槽立铣刀侧面刃口进行切削。为了保证工件的外形光滑，减少接刀痕迹，保证零件表面质量，提高刀具使用寿命，对刀具的切入和切出路线需要精心设计。铣削外表面轮廓时，有直线拐点的应在拐点处直线切入、切出如图 8-15 所示，无拐点的应沿轮廓曲线圆弧切入、切出如图 8-16 所示。

图 8-15　直线切入、切出　　　　　　　图 8-16　圆弧切入、切出

对于有拐点的曲线轮廓可采用拐点处圆弧切入、切出如图 8-17（a）所示；对于无拐点轮廓曲线

也可以采用与曲线的切线切入、切出如图 8-17 (b) 所示。由于刀具和主轴系统刚性的原因,不应沿法向直接切入、切出,保证零件轮廓光滑,以避免加工表面产生接痕。

（a）带拐点的外轮廓　　　　　　　　（b）不带拐点的外轮廓

图 8-17　刀具切入和切出外轮廓的进给路线

8.3.3　键槽加工走刀路线

键槽可分为通键槽和封闭键槽两种。它们均属于窄槽铣削加工,一般采用盘形槽铣刀(简称槽铣刀)或键槽立铣刀加工,盘形槽铣刀属于三面刃铣刀;而键槽铣刀有两个刀齿,圆柱面和端面都有切削刃,端面刃延至中心,可以先轴向进给较小的量,然后再沿径向进给。

键槽主要应保证尺寸精度、键槽两侧面的表面粗糙度、键槽与轴线的对称度,键槽深度的尺寸一般要求较低。由于键槽铣刀的刀齿数相对于同直径的立铣刀的刀齿数的数量少,铣削时,振动大,加工的侧面表面质量相对于立铣刀较差。

1. 通键槽加工走刀路线

通键槽属于长轴类零件,一般需采用盘形铣刀加工,必要时中间应垫铁支承。加工时首先把铣刀反复调整,直到对准中心,调整铣削层深度,加工走刀路线如图 8-18 所示。

2. 封闭键槽加工走刀路线

(1)定尺寸铣刀加工。用定尺寸铣刀来保证键槽宽度的一种加工方法,属于对称铣削。不能实现精加工,刀具两侧面一边为顺铣,另一边为逆铣,逆铣一侧的表面粗糙度较差,如图 8-19 所示。

图 8-18　盘铣刀铣削通槽走刀路线

图 8-19　定尺寸键槽铣刀加工走刀路线

用定尺寸铣刀加工键槽时,可采用垂直进刀铣刀在进给方向上换向,因此,在加工表面会产生接刀痕迹。使用垂直下刀钻削切入时,不容易排屑,易产生大量的切削热,使得刀具和工件的变形量加大。再加上键槽铣刀的直径比较小,强度低,刚性差。铣削过程中,切削厚度由小变大,铣刀两侧的受力不平衡,加工的键槽会产生倾斜。加工后键槽相对于轴的对称度比较差。若铣刀一次铣到深度,铣刀工作部分较长且进刀速度比较快时,由于键槽加工为窄槽加工,排屑不畅,铣刀容易折断。为此可采用分层铣削法加工,每次进刀深度稍浅,可增大进给量往复铣削,铣刀直径不受影响,在铣削过程中不会产生让刀现象。

(2)非定尺寸铣刀加工。用非定尺寸键槽立铣刀铣削可实现粗、精加工。粗加工键槽时,选用铣刀直径应比键槽宽度尺寸小的键槽铣刀垂直进刀分层铣削至槽底如图 8-20 所示。精加工时沿封闭环形槽的直线部分内壁,圆弧切入、切出如图 8-21 所示。

图 8-20　键槽铣刀粗加工走刀路线

图 8-21　精加工圆弧切入、切出

 拓展延伸

　　圆弧切入、切出需要特别注意以下两点:刀具半径应该小于切入、切出直线运动的距离,才可以保证刀具半径补偿的建立和取消;圆弧切入、切出半径必须大于刀具半径、小于要切削的圆弧轮廓半径。

8.3.4　立体曲面类零件加工走刀路线

在机械加工中,常会遇到各种曲面类零件,如模具、叶片螺旋桨等。这类零件的加工面为空间曲面,它不能展开为平面,并且在加工过程中其加工面与铣刀的接触始终为点接触。由于这类零件形面复杂,需用多坐标联动加工,一般采用球头刀在三坐标数控铣床上加工,因此,多采用数控铣床、数控加工中心进行加工。

1. 二轴半坐标行切铣削走刀路线

对于边界敞开的直纹曲面,常采用球头刀用行切法铣削加工,即刀具与零件轮廓的切点轨迹是一行一行的,行间距按零件加工精度要求而确定,如图 8-22 所示。

2. 三轴联动铣削走刀路线

对于高精度的立体曲面零件,应采用三轴联动的铣削方法。采用三坐标联动方式进行加工的曲面精度要高于行切法铣削的曲面精度,如图 8-23 所示。

8.3.5　孔加工进给路线

孔加工时也应尽量缩短走刀路线,减少加工距离、空程运行时间,减小刀具磨损,提高生产效率,多孔零件图如图 8-24(a)所示。

图 8-22　二轴半坐标行切铣削加工　　　　　　图 8-23　三轴联动铣削加工

（a）多孔零件　　　　　（b）最短的加工路线　　　　　（c）沿同心圆加工路线

图 8-24　多孔零件的两种加工路线比较

采用了两种走刀路线如图 8-24（b）和图 8-24（c）所示,其中图 8-24（b）的走刀路线最短,在生产时提倡使用。但单件生产时,走刀路线最短不会太多地提高经济效益,也可以采用 8-24(c)所示的加工路线,因为在手工编程时,此种加工路线的程序比较容易编制。

孔的位置精度要求较高,则安排孔加工路线就显得特别重要。如果数控机床传动机构没有反向间隙时,一般考虑进给路线最短原则,但如果传动机构有间隙,则应考虑反向间隙引起的误差,孔的进给路线如图 8-25 所示,有两种方案,方案二是当加工完"4"孔后没有直接在"5"孔处定位加工,而是与 X 轴平行多运动一段距离到达"6"点,然后折回来在"5"孔处进行定位加工,这样"1""2""3"和"4"孔的定位方向是一致的,"5"可以避免反向间隙引起的误差的引入,从而提高了孔距精度。

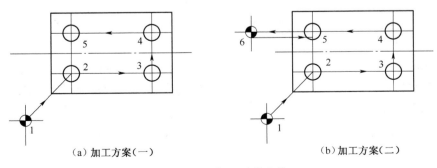

（a）加工方案（一）　　　　　　　　（b）加工方案（二）

图 8-25　孔加工进给路线

8.3.6　型腔铣削轴向进刀方式

（1）垂直进刀。垂直下刀刀具要在进给方向上换向，因此，在加工表面会产生接刀痕迹。一般情况下很少使用。使用垂直下刀时，不容易排屑，易产生大量的切削热，使得刀具和工件的变形量加大，如图8-26所示。

（2）琢钻进刀。在两个切削层之间钻削切入，层间深度与刀片尺寸有关，一般为 0.5～1.5 mm 如图8-27所示。

（3）螺旋进刀。刀具从工件上表面开始，采用连续的加工方式，可以比较容易的保证加工精度。而且，由于没有速度突变，可以用较高的速度进行加工。同时要求设置合适的刀具进给、切削深度等切削参数，这样才能符合高速加工的要求，螺旋切向进刀对铣刀轴向载荷的减少最大，所以在加工对轴向载荷敏感的零件，还是以螺旋进刀为好。螺旋进刀方式如图8-28所示。

图8-26　垂直进刀　　　图8-27　琢钻进刀　　　图8-28　螺旋进刀　　　图8-29　斜向进刀

（4）斜向进刀。斜向进刀方式是使刀具与工件保持一定的斜角进刀，直接铣削到一定的深度，然后在平面内进行来回铣削，因为采取侧刃加工，加工时需要设定刀具切入加工面的角度。这个角度如果选取得太小，加工路线加长。反之，如果选取得太大，又会产生端刃切削的情况，加剧刀具磨损，如图8-29所示。背吃刀量应小于刀片尺寸，坡角 α 计算公式如下：

$$\tan \alpha = \alpha_p / l_m \tag{8-1}$$

式中　α_p——背吃刀量；

　　　l_m——坡的长度。

8.4　数控铣床（加工中心）加工工序的划分

数控铣床（加工中心）在加工过程中，由于加工对象复杂多样，特别是轮廓曲线的形状及位置千变万化，加上材料不同、批量不同等多方面因素的影响，在对具体零件制订加工顺序时，应该进行具体分析和区别对待，灵活处理。

8.4.1　加工工序的划分

1. 加工阶段

当零件的加工质量要求较高时，往往不可能用一道工序来满足其要求，而要用几道工序逐步达到所要求的加工质量。为保证加工质量和合理地使用设备,通常分为粗加工、半精加工、精加工和光整加工四个阶段。

(1)粗加工阶段。其任务是切除毛坯上大部分多余的金属,使毛坯在形状上接近零件成品,因此,主要是增大背吃刀量尽快完成对零件的加工。

(2)半精加工阶段。其任务是使主要表面达到一定程度的精度,留有一定的精加工余量,为下一步精加工做好准备。并可完成一些次要表面的加工,如扩孔、攻螺纹、铣键槽等。

(3)精加工阶段。其任务是保证各主要表面达到规定的尺寸精度和表面粗糙度要求,主要目标是保证加工质量。

(4)光整加工。对零件上精度和表面粗糙度($Ra0.2\ \mu m$ 以下)要求很高的表面,需要进行光整加工,其目标是提高尺寸精度,减小表面粗糙度值。

2. 工序划分

(1)按所用刀具划分。以同一把刀具完成的那部分工艺过程作为一道工序,适合于工件的待加工表面较多,机床连续工作时间较长的情况。

(2)按安装次数划分。以一次安装完成的那部分工艺过程为一道工序,适合于加工内容不多的工件,加工完成后就能达到待检状态。

(3)按粗、精加工划分。以粗加工中完成的那部分工艺过程为一道工序,精加工中完成的那一部分工艺过程为另一道工序。适合于加工后变形较大,需粗、精加工分开的零件,如毛坯为铸件、焊件或锻件的场合。

(4)按加工部位划分。以完成相同型面的那一部分工艺过程为一道工序,适合于加工表面多而复杂的零件,可按其结构特点划分为多道工序。

8.4.2 加工顺序的划分

(1)先粗加工,后精加工。工件的加工质量要求较高时,一般很难用一道工序的加工来满足其要求,也不应采用一道工序来完成,而应分为几道工序逐渐达到应有的加工质量。

(2)先基准面,后其他面。用作精基准的表面应先加工。任何零件的加工过程总是先对定位基准进行粗加工和精加工。因为定位基准的表面越精确,装夹误差就越小。

如图 8-30 所示,由于工件上平面对内孔 $\phi30H8$ mm 的轴线有垂直度要求,因此,应先粗、精加工零件底部 34 mm 宽凸台及 $\phi30H8$ mm 内孔,两处在一次装夹中加工完成,然后翻面以凸台 34 mm 两侧面为装夹定位基准,加工零件上平面。

(3)先加工面,后加工孔。对于箱体、支架、连杆、底座等零件,先加工用作定位的平面和孔的端面,然后再加工孔。这样安排加工顺序,一

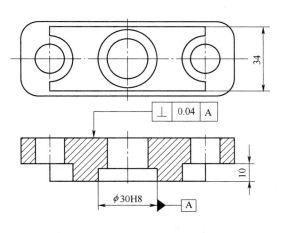

图 8-30 基准先行工序分析

方面是用已加工过的平面定位稳定可靠,有利于保证孔与平面的位置精度;另一方面是在加工后的

平面上加工孔也比较容易,并能提高孔的加工精度,特别是钻孔,孔的轴线不易偏斜,如图 8-31 所示,由于顶面是高度尺寸的基准,应首先加工该面,然后再加工两侧台阶面及中间台阶孔,最后加工四个 ϕ8H7 光孔。

(4)先主要面,后次要面。先安排零件的基准面、装配基面及主要表面的加工,后安排次要表面的加工,如键槽、光孔、螺纹孔等。由于次要表面加工工作量小,又常与主要表面有形位精度要求,所以一般放在主要表面的半精加工之后,精加工之前进行,如图 8-32 所示,由于该零件上部凸台面有形位精度、尺寸精度及粗糙度值的要求,又是尺寸基准,因此,应首先加工上表面及凸台,再加工螺纹孔表面,最后加工四个 M10 螺纹孔。

图 8-31　先面后孔工序分析

图 8-32　先主后次工序分析

(5)先内后外。数控铣削加工一般先进行内腔加工,然后再进行外形加工。

(6)刀具连续加工。以相同定位、夹紧方式或同一把刀具加工的工序,最好连续进行加工,以减少重复定位次数与换刀次数。

(7)在同一次装夹中进行的多道工序加工,应先安排对工件刚性破坏较小的工序。

总之,加工顺序的安排应根据零件的结构和毛坯状况,以及定位安装与夹紧、两道工序之间穿插有通用机床加工工序等都要综合考虑。

8.5　数控铣削切削用量与铣削方式

数控铣削切削用量包括背吃刀量 α_p、侧吃刀量 α_c、进给量 f、进给速度 v_f、铣削速度 v_c 及主轴转速 n。其选择方法是考虑刀具的耐用度和表面质量,先选取背吃刀量或侧吃刀量,其次确定进给速度,最后确定铣削速度。

8.5.1 数控铣削切削用量的选择

1. 周铣背吃刀量 α_p 与端铣侧吃刀量 α_c 的选用

周铣时背吃刀量 α_p 和端铣时侧吃刀量 α_c 的选用,主要由加工余量和表面质量决定,如图 8-33 所示。

背吃刀量 α_p 为平行于铣刀轴线测量的切削层尺寸,端铣时 α_p 为切削层深度,周铣削时 α_p 为被加工表面的宽度,单位为 mm。

侧吃刀量 α_c 为垂直于铣刀轴线测量的切削层尺寸,端铣时 α_c 为被加工表面宽度,周铣削时 α_c 为切削层深度,单位为 mm。

(a) 周铣　　　　　　　　　　　　　　(b) 端铣

图 8-33　刀铣削用量

(1)工件表面粗糙度要求为 $Ra3.2 \sim 12.5 \ \mu m$,分粗铣和半精铣两步铣削加工,粗铣后留半精铣余量 $0.5 \sim 1.0$ mm。

(2)工件表面粗糙度要求为 $Ra0.8 \sim 3.2 \ \mu m$ 可分粗铣、半精铣、精铣三步铣削加工。半精铣时端铣背吃刀量或圆周铣削侧吃刀量取 $1.5 \sim 2$ mm,精铣时圆周铣侧吃刀量取 $0.3 \sim 0.5$ mm,端铣背吃刀量取 $0.5 \sim 1$ mm。

2. 主轴转速的选用

主轴转速一般根据铣削速度 v_c 来选定,单位为 r/min,计算公式为

$$n = 1\,000v_c / \pi d \tag{8-2}$$

式中　d——刀具直径(mm);

　　　v_c——铣削速度(m/min)。

3. 铣削速度的选用

铣削速度 v_c 即主运动速度,指铣刀旋转运动的线速度。切削速度与工件材料、刀具材料、铣刀片材料和加工条件等因素有关。

$$v_c = \pi d_0 n / 1\,000 \tag{8-3}$$

式中　d_0——铣刀的直径,单位为 mm;

　　　n——铣刀转速,单位为 r/min。

铣削速度 v_c 与进给速度 v_f 之间关系,如图 8-34 所示。

图 8-34　铣削速度与进给量之间关系

对于球头铣刀,工作直径应小于刀具半径,因此实际转速应大于计算速度。铣削速度参考推荐值见表 8-1。

表 8-1　铣削速度的参考推荐值

工件材料	硬度/HBW	切削速度 v_c/(m/min)	
		高速钢铣刀	硬质合金铣刀
钢	<225	18~42	66~150
	225~325	12~36	54~120
	325~425	6~21	36~75
铸铁	<190	21~36	66~150
	190~260	9~18	45~90
	160~320	4.5~10	21~30

4. 进给量的选用

进给量是刀具在进给运动方向上相对工件的位移量,可用刀具或工件每转或每行程的位移量来表述和度量。进给量有以下三种表示方法。

(1)每齿进给量 f_z:铣刀每转过一个刀齿时,每齿相对工件在进给运动方向上的位移量,单位为 mm/z。

(2)每周进给量 f_r:铣刀每转过一周,工件相对于铣刀在进给运动方向上移动的距离,单位为 mm/r。

(3)每分进给量 f_m:铣刀旋转一分钟,工件相对于铣刀在进给运动方向上移动的距离,单位为 mm/min。每分钟进给量 f_m 与进给速度 v_f 具有相同的含义。计算公式如下:

$$f_r = f_z \times z \quad (mm/r) \tag{8-4}$$

$$f_m = f_r \times n = f_z \times z \times n \quad (mm/min) \tag{8-5}$$

式中　z——铣刀函数,个;

　　　n——主轴轴速,r/min。

5. 进给速度的选用

进给速度是数控机床切削用量中的重要参数,主要根据零件的加工精度和表面粗糙度要求以及刀具、工件的材料性质选取。最大进给速度受机床刚度和进给系统的性能限制。

进给速度的选择原则是:当工件的质量要求能够得到保证时,为提高生产效率,可选择较高的进给速度。一般在 100~200 mm/min 范围内选取,当加工精度,表面粗糙度要求高时,进给速度应选小些,一般在 20~50 mm/min 范围内选取。

进给速度的计算公式:

$$v_f = f n = f_z z n \tag{8-6}$$

式中　v_f——进给速度,mm/min;

　　　　n——铣刀主轴转速,r/min;

　　　　z——铣刀齿数,个;

　　　　f_z——齿进给量,mm/z。

刀具确定后,每齿进给量 f_z 的选用主要取决于工件材料和刀具材料的机械性能、工件表面粗糙度等因素。当工件材料的强度和硬度较高,工件表面粗糙度要求也较高,而工件刚性差或刀具强度低时 f_z 值应取小值。硬质合金铣刀的每齿进给量高于同类高速钢铣刀的选用值,每齿进给量的选用参考表见表 8-2。

表 8-2　铣刀每齿进给量 f_z 参考表

工件材料	每齿进给量 f_z/(mm/z)			
	粗　铣		精　铣	
	高速钢铣刀	硬质合金铣刀	高速钢铣刀	硬质合金铣刀
钢	0.10~0.15	0.10~0.25	0.02~0.05	0.10~0.15
铸铁	0.12~0.20	0.15~0.30		

🔒 **相关链接**

　　传统的切削用量选择为大背吃刀量、低转速、慢走刀;由于在数控机床上使用的是先进刀具,使得目前切削用量选择为小背吃刀量、高转速、快走刀;相应的切削参数可以结合使用的数控机床、刀具和工件材料通过查表及相关资料获得,也可以选用刀具厂商提供的切削参数。

8.5.2　铣削方式

铣削是断续切削,实际切削面积随时都在变化,因此,铣削力波动大,冲击与振动大,铣削平稳性差。但采用合理的铣削方式,会减缓冲击与振动,还对提高铣刀耐用度、工件质量和生产率具有重要的作用。

1. 周铣

周铣在铣削平面时有顺铣与逆铣两种铣削方式,如图 8-35 所示。

(1)顺铣。当铣刀切削刃与铣削表面相切时,若主轴的旋转方向和进给方向一致称为顺铣,切屑厚度由厚变薄,如图 8-25(a)所示。

顺铣时,切屑厚度由厚变薄,这样容易切下切屑,刀齿磨损较慢,已加工表面质量高;加工时,刀齿作用于工件上的垂直进给分力 F_v 压向工作台,有利于夹紧工件;另外纵向进给分力 F_f 与纵向进给方向相同,当丝杠与螺母存在间隙时,会使工作台带动丝杠向左窜动,造成进给不均匀,这样会影响工件表面粗糙度,也会因进给量突然增大而损坏刀齿。

(2)逆铣。当铣刀切削刃与铣削表面相切时,若主轴的旋转方向和进给方向相反称为逆铣,切屑厚度由薄变厚,如图 8-25(b)所示。

逆铣时，切屑厚度由薄变厚，当切入时，由于刃口钝圆半径大于瞬时切屑厚度，刀齿与工件表面进行挤压和摩擦，刀齿较易磨损。尤其当冷硬现象严重时，更加剧刀齿的磨损，并影响已加工表面的质量；刀齿作用于工件上的垂直进给分力 F_v 向上，不利于工件的夹紧，纵向进给力 F_f 与纵向进给方向相反，使铣床工作台进给机构中的丝杠与螺母始终保持良好的左侧接触，故工作台进给速度均匀，铣削过程平稳。

（a）顺铣

（b）逆铣

图 8-35　顺铣和逆铣

2. 端铣

在平面铣削中，由于端面铣能获得较小的表面粗糙度值和较高的效率，因此有逐渐代替圆周铣刀的趋势。根据端铣刀和工件间的相对位置不同，可分为三种不同的铣削方式。

（1）对称铣削。对称铣削时工件处于铣刀中间，如图 8-36 所示。铣削时，刀齿在工件的前半部分为逆铣，此时纵向的水平分力 F_L 与进给方向相反；刀齿在工件的后半部分为顺铣，此时 F_L 与进给方向相同。

一般当工件宽度 B 接近铣刀直径时，可采用对称铣削。对于非对称铣削时，工件的铣削宽度偏在铣刀一边，它分为顺铣和逆铣两种。

（2）非对称逆铣。当逆铣部分占的比例大时，称为非对称逆铣，各个刀齿的 F_L 之和与进给方向相反，所以不会拉动工件。非对称逆铣铣削动作如同"铲"，刀刃切入工件虽由薄到厚，但不等于从零开始，对刀齿的冲击反而小，工件所受的垂直分力与铣削方式无关，如图 8-37 所示。

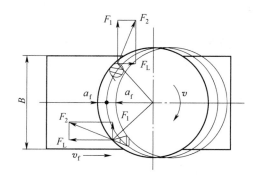

图 8-36　对称铣削

（3）非对称顺铣。当顺铣部分占的比例大时，称为非对称顺铣，因为各个刀齿上的 F_L 之和与进给方向相同，故易拉动工件。非对称顺铣铣削时，刀齿切入时的切削厚度最大，切出时的切削厚度最小,铣削动作如同"砍"如图 8-38 所示。

图 8-37 非对称逆铣削

图 8-38 非对称顺铣削

 拓展延伸

　　顺铣比逆铣的表面粗糙度值小,但顺铣的受力比逆铣大,有让刀现象,数控机床用顺铣不会打刀。由于滚珠丝杠几乎没有反向间隙,因此切削比较平稳。普通铣床用逆铣,主要是因为普通铣床的齿轮的间隙比较大,配合不好,在顺铣时会打刀,才推荐逆铣,数控铣床零件顺铣的工艺性优于逆铣,所以粗加工时选逆铣,精加工时选顺铣。

8.5.3 G41、G42 与顺铣和逆铣的关系

　　用 G41 铣削时,铣刀切出工件时的切削速度方向与工件的进给方向相同,因此,当铣刀正转时,相当于顺铣,如图 8-39(a)所示。用 G42 铣削时,铣刀切出工件时的切削速度方向与工件的进给方向相反,因此,当铣刀正转时,相当于逆铣,如图 8-39(b)所示。从刀具寿命、加工精度、表面粗糙度而言,顺铣效果较好,因而 G41 使用较多。

（a）G41 相当于顺铣　　　　　　（b）G42 相当于逆铣

图 8-39 G41、G42 与顺铣和逆铣的关系

小　结

　　1. 数控铣床(加工中心)加工工艺的基本特点体现在优选加工项目、数据规范准确、程序合理高效、工序高度集中等几个方面。

　　2. 对零件图尺寸公差、零件结构、零件的毛坯进行局部调整,对于提高零件的加工精度、尺寸

公差、表面粗糙度都有相当重要的意义。

3. 零件内、外轮廓铣削的进、退刀路线设计时应遵循的原则是：从对刀点快进到切入点下刀，沿切向切入工件，轮廓切削后刀具向上抬起退离工件并快速返回对刀点。

4. 零件铣削走刀路线是指在加工过程中刀具的刀位点，相对于被加工零件进行切削路线轨迹。其设计原则是：保证被加工零件获得良好的加工精度和表面质量，使数值计算简单及进、退刀路线最短。

5. 数控铣削切削用量包括背吃刀量 α_p 和侧吃刀量 α_e、进给量 f、进给速度 v_f、铣削速度 v_c 及主轴转速 n。其选择方法是考虑刀具的耐用度和表面质量，先选取背吃刀量或侧吃刀量，其次确定进给速度，最后确定铣削速度。

6. 铣削方式。

顺铣：主轴的旋转方向和进给方向一致称顺铣，切削层由厚变薄。

逆铣：主轴的旋转方向和进给方向相反称逆铣，切削层由薄变厚。

用 G41 铣削时，铣刀切出工件时的切削速度方向与工件的进给方向相同，因此，当铣刀正转时，相当于顺铣。

用 G42 铣削时，铣刀切出工件时的切削速度方向与工件的进给方向相反，因此，当铣刀正转时，相当于逆铣。从刀具寿命、加工精度、表面粗糙度而言，顺铣效果较好。

复习题

一、名词解释

铣削速度、顺铣、逆铣。

二、填空题

1. 铣削平面轮廓曲线工件时，铣刀半径应_____工件轮廓的_____凹圆半径。

2. 粗加工时，应选择_____的背吃刀量、进给量，_____的切削速度。

3. 在精铣内外轮廓时，为改善表面粗糙度，应采用_____的进给路线加工方案。

4. 在数控铣床上加工整圆时，为避免工件表面产生刀痕，刀具应从起始点沿圆弧表面的_____进入，进行圆弧铣削加工；整圆加工完毕退刀时，顺着圆弧表面的_____退出。

5. 周铣时用_____方式进行，铣刀的耐用度较高，获得加工面的表面粗糙度值较小。

6. 铣削一个外轮廓，为避免切入点和切出点产生刀痕，最好采用_____方式。

7. 铣削中主运动的线速度称为_____。

8. 铣刀直径为 50 mm，铣削时切削速度为 20 m/min，则其主轴转速为每分钟_____转。

9. 铣刀在一次进给中切掉工件表面层的厚度称为_____。

10. 进给路线的确定一是要考虑_____，二是要实现_____。

三、选择题

1. 在工件上既有平面需要加工，又有孔需要加工时，可采取（　　）。

    A. 粗铣平面后钻孔再精铣平面　　　　　　B. 先加工平面后钻孔

    C. 先加工孔后加工平面　　　　　　　　　D. 以上任何一种均可

2. 铣削外轮廓为避免切入切出产生刀痕，最好采用（　　）

    A. 法向切入、切出　　　B. 切向切入、切出　　　C. 斜向切入、切出　　　D. 直线切入、切出

3. 通常用球刀加工比较平滑的曲面时,表面粗糙度的质量不会很高,是因为(　　)造成的。
　　A. 行距不够密　　　　　　　　　　B. 步距太小
　　C. 球刀刃不锋利　　　　　　　　　D. 球刀尖部的切削速度几乎为零

4. 球头铣刀的球半径通常(　　)加工零件曲面的曲率半径。
　　A. 小于　　　　　　B. 大于　　　　　　C. 等于　　　　　　D. 以上均可

5. 在铣削工件时,若铣刀的旋转方向与工件的进给方向相反,称为(　　)。
　　A. 顺铣　　　　　　B. 逆铣　　　　　　C. 横铣　　　　　　D. 纵铣

6. 精细平面时,宜选用的加工条件为(　　)。
　　A. 较大切削速度与较大进给速度　　　B. 较大切削速度与较小进给速度
　　C. 较小切削速度与较大进给速度　　　D. 较小切削速度与较小进给速度

7. 用数控铣床铣削凹模型腔时,粗、精铣的余量可用改变铣刀直径设置值的方法来控制,半精铣时,铣刀直径设置值应(　　)铣刀实际直径值。
　　A. 小于　　　　　　B. 等于　　　　　　C. 大于　　　　　　D. 以上均可

8. 铣削凹模型腔平面封闭内轮廓时,刀具只能沿轮廓曲线的法向切入或切出,但刀具的切入、切出点应选在(　　)。
　　A. 圆弧位置　　　B. 直线位置　　　C. 两几何元素交点位置　　D. 以上均可

9. 数控铣床上铣削模具时,铣刀相对于零件运动的起始点称为(　　)。
　　A. 刀位点　　　　　B. 对刀点　　　　　C. 换刀点　　　　　D. 工件原点

10. 在加工直径较小、位置精度和表面质量要求又较高的孔时,较合理工艺是(　　)。
　　A. 钻、扩、铰　　　B. 钻、扩、镗　　　C. 钻、扩、铣、镗　　D. 钻、扩、镗、铰

四、判断题

1. 在工件上既有平面加工,又有孔加工时,可按先加工孔,后加工平面的顺序。　　(　　)
2. 机床的进给路线就是刀具的刀尖或刀具中心相对机床的运动轨迹和方向。　　(　　)
3. 粗加工时,限制进给量提高的主要因素是切削力;精加工时,限制进给量提高的主要因素是表面粗糙度。　　(　　)
4. 数控机床能加工传统机械加工方法不能加工的大型复杂零件。　　(　　)
5. 数控机床的进给运动是由工作台带动工件运动来实现的。　　(　　)
6. 走刀路线是指数控加工过程中刀具相对于工件的运动轨迹和方向。　　(　　)
7. 在可能情况下,铣削平面宜尽量采用较大直径铣刀。　　(　　)
8. 端铣刀可采用较大铣削深度,较小进给方式进行铣削。　　(　　)
9. 顺铣削是铣刀回转方向和工件移动方向相同。　　(　　)
10. 逆铣削法较易得到良好的加工表面。　　(　　)

五、简答题

1. 如何选择内、外轮廓的切入、切出方式,曲线轮廓铣削路线分为哪几类?
2. 确定铣刀进给路线时,应考虑哪些问题?
3. 制订数控铣削加工工艺方案时应遵循哪些基本原则?
4. 数控铣削加工工艺性分析包括哪些内容?
5. 零件图分析包括哪些内容?检查零件图的完整性和正确性指的是什么?
6. 什么是顺铣和逆铣?顺铣和逆铣对加工质量各有什么影响?

第9章

数控铣床(加工中心)加工工艺的
应用

学习目标
➢ 掌握外轮廓、内轮廓及岛屿类零件加工工艺分析过程;
➢ 会编写孔、槽类零件数控加工工艺;
➢ 熟悉凸轮及箱体类零件的工艺分析与刀具参数的选择。

　　铣削类零件在机械加工中所占的比重仅次于车削类零件,数控铣削特别适合尺寸精度要求较高的内外轮廓形状复杂的内腔类、孔类、箱体类、键槽类及组合体等零件的加工,数控铣削零件也需要根据零件图样进行相关计算,然后进行铣削工艺分析。

9.1　数控铣床典型零件加工工艺

9.1.1　外轮廓类零件加工工艺

1. 零件工单

　　如图 9-1 所示零件,材料:45 钢,毛坯:100 mm×80 mm×22 mm 上、下表面及四周侧面已经加工(单件加工)。

2. 图样分析

　　(1)该零件为不规则外轮廓零件,曲面轮廓由三段直面、两段凸圆弧面、一段凹圆弧面及斜面组成,有尺寸精度、对称度及表面粗糙度要求。

　　(2)该零件坯料规方已经完成,零件上凸台高度 10 mm 采用两次深度进给、周边余料采用程序加工自动去除;凸台整体轮廓有 $80_{-0.030}^{\ 0}$ mm、$60_{-0.030}^{\ 0}$ mm 及表面粗糙度 $Ra3.2$ μm 要求,凸台两侧面相对于基准中心平面对称度为 0.06 mm。零件图标注符合数控加工工艺要求。

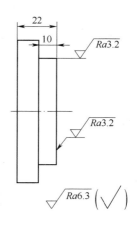

图 9-1　外轮廓类零件

3. 工艺准备

(1)数控加工工艺卡(见表 9-1)。

表 9-1　数控加工工艺卡

产品名称或代号				零件名称		零件图号	
序号	刀具号	刀具名称	刀具规格/mm	加工表面	数量	备 注	
1	—	硬质合金键槽立铣刀	φ20	粗、精加工外轮廓	1		
编制		审核		批准		共　　页	第　　页

(2)量具选用 0~120 mm 游标卡尺、深度游标卡尺、50~75 mm 外径千分尺、0~10 mm 百分表及磁性表座、50 mm Z 轴设定器、φ10 mm 寻边器。

(3)机床配置机用平口钳(手动、机动)、垫铁若干、软钳口、橡胶锤或铜棒。

4. 工艺分析

(1)工件坐标系的原点设置在零件上表面左下角点为编程原点,将 X、Y、Z 向的零偏值输入到工件坐标系 G54 中工件上表面为 Z0。

(2)选用 φ20 mm 硬质合金键槽立铣刀粗、精加工零件凸台。深度采用分两层加工方式,每次进刀深度 5 mm,余料采取半径补偿方式分两次进行(D01 = 25 mm、D02 = 10.5 mm),在粗加工中自动去除,凸台边缘底部表面粗糙度要求 Ra6.3 μm 不需要精加工,凸台边缘需要精加工及清根处理,精铣预留加工余量为 0.5 mm(D03 = 10 mm)。

(3)为了保证工件凸缘表面粗糙度要求,减少接刀痕迹,使轮廓光滑衔接,提高零件表面质量,进退刀路线选在拐点处切入、切出,即顺时针绕行(顺铣)走刀加工方式。由于刀具和主轴系统刚性的原因,不应沿法向直接切入、切出。

(4)对于规完方的坯料应采用软钳口装夹,该工件上表面应高于钳口 12~13 mm,并在工件下表面与平口钳之间放入精度较高的平行垫铁,其厚度与宽度应适当,由于上表面已加工完成,因此上表面应采用百分表找正后夹紧。

(5)工艺流程卡见表9-2。

表9-2　工艺流程卡

工序号	工序内容	工序简图(走刀路线图)
1	使用 φ20 mm 键槽立铣刀第一、二次粗加工,每次背吃刀量均为 5 mm,为去余料粗加工铣刀半径补偿取值 D02＝25 mm	第一、二次精加工去余料刀具轨迹轮廓线 5 mm 5 mm
2	使用 φ20 mm 键槽立铣刀第三、四次粗加工,每次背吃刀量均为 5 mm,为去余料粗加工铣刀半径补偿取值 D02＝10.5 mm,留精加工余量 0.5 mm	第三、四次粗加工去余料刀具轨迹轮廓线
3	精加工凸台边缘至尺寸要求,刀具深度至 Z-10 mm,去除所留精加工余量(侧吃刀量 0.5 mm),铣刀半径补偿取值 D03＝10 mm	第五次精加工刀具轨迹工件轮廓线 10 mm

(6)确定加工参数。根据机床的性能,工件尺寸精度、刀具材料、工件材料以及机床的刚性,参考机械加工手册,背吃刀量的选择因粗、精加工而有所不同。粗加工时,在工艺系统刚性和机床功率允许的情况下,主轴转速选 1 500 r/ min 尽可能取较大的背吃刀量取 5 mm,以减少进给次数;精加工时,为保证零件表面粗糙度要求,侧吃刀量取 0.5 mm。

（7）数控加工工艺卡（见表9-3）。

表9-3 数控加工工艺卡

单位		机床型号		零件名称				第 页	
工序		工序名称		程序编号			备注		
工步	作业内容	半径补偿号	长度补偿号	$n/($ r/min$)$	$f/($ mm/min$)$	$\alpha_p/$mm	半径补偿		
1	曲面轮廓	D01/D02/D03		2 000	150	5	25/10.5 / 10		
2	整体精度检验（卸件）								

9.1.2 内轮廓类零件加工工艺

1. 零件工单

如图9-2所示为矩形腔槽板零件。材料:45 钢,毛坯:104 mm×70 mm×36 mm,外表面均已加工完成(单件加工)。

2. 图样分析

该零件为规则矩形型腔凹槽零件,内曲面轮廓由四段直线、四段凹圆弧及凹槽底面组成,有尺寸精度、垂直度及表面粗糙度要求,该零件坯料各面已经加工,为了达到零件图上凹槽深度的尺寸20 mm,零件图标注符合数控加工工艺要求。

图9-2 内轮廓类零件

3. 工艺准备

(1)数控加工刀具卡见表9-4。

表9-4　数控加工刀具卡

产品名称或代号			零件名称		零件图号		
序号	刀具号	刀具名称	刀具规格/mm	加工表面	数量	备	注
1	—	硬质合金键槽立铣刀(粗)	ϕ20	型腔侧、底	1		
2	—	硬质合金键槽立铣刀(精)	ϕ10	型腔边缘	1		
编制		审核		批准		共　页	第　页

(2)量具选用 0~120 mm 游标卡尺、深度游标卡尺、0~10 mm 百分表及磁性表座、Z 轴设定器、ϕ10 mm 寻边器。

(3)机床配置机用平口钳(手动、机动)、垫铁若干、软钳口、橡胶锤或铜棒。

2. 工艺分析

(1)工件坐标系的原点设置,在零件上表面中心点作为编程原点,将 X、Y、Z 向的零偏值输入到工件坐标系 G54 中工件上表面为 Z0。

(2)由于深度方向无尺寸精度要求,可采用四次深度进给铣削加工不需精加工;矩形凹槽内轮廓侧面采用粗、精铣加工。选用 ϕ20 mm 硬质合金三刃键槽立铣刀粗、精加工矩形凹槽。深度分层加工四次,深度每次为 5 mm,侧壁有 $50^{+0.04}_{0}$ mm、$84^{+0.04}_{0}$ mm 要求,预留精加工余量为 0.5 mm;

(3)加工路线。采用凹槽上表面中心点下刀,粗加工采用两次环切,不采用刀具半径补偿形式。换刀精加工时采用圆弧切入、切出顺时针走刀加工方式。

(4)零件外形已经加工完毕,应采用软钳口装夹,工件高于钳口 8 mm 左右,在工件下表面与机用平口钳之间放入精度较高的平行垫铁,其厚度与宽度应适当,由于上表面已加工完成,因此上表面应采用百分表找正后夹紧并使垫铁不发生移动。

(5)工艺流程卡见表9-5。

表9-5　工艺流程卡

工序号	工序内容	工序简图(走刀路线图)
1	使用 ϕ20 mm 键槽立铣刀粗加工深度进给分四次、每次铣削背吃刀量均为 5 mm,进刀路径为两个矩形走刀路线	

工序号	工序内容	工序简图（走刀路线图）
2	换 $\phi10$ mm 键槽立铣刀精加工零件边缘 0.5 mm，精加工量及清根至尺寸（侧吃刀量留 0.5 mm）	

（6）确定加工参数。根据机床的性能，工件尺寸精度、刀具材料、工件材料以及机床的刚性，参考机械加工手册选取，具体参看数控加工工艺卡。

（7）数控加工工艺卡见表 9-6。

表 9-6　数控加工工艺卡

单位		机床型号		零件名称				第　　页	
工序		工序名称		程序编号			备注		
工步	作业内容	半径补偿号	长度补偿号	$n/(\text{r}/\min)$	$f/(\text{mm}/\min)$	α_p/mm		半径补偿	
1	粗加工	—		1 800	200	5			
2	精加工	D01	—	2 200	150	—		5	
3	整体精度检验（卸件）								

9.1.3　岛屿类零件加工工艺

1. 零件工单

如图 9-3 所示为岛屿类零件，材料为 45 钢，毛坯：70 mm×70 mm×18 mm，坯料已经完成四周及上、下表面的铣削加工（单件加工）。

图 9-3　岛屿类零件

2. 图样分析

该零件是由环形圆 $\phi 20\pm0.03$ mm 和 4 个 $R10$ mm 圆弧组成 50 ± 0.03 mm 正方形深 8 mm（深度无尺寸精度要求）的型腔组成的。环形腔底部表面粗糙度要求为 $Ra3.2$ μm，型腔侧壁表面粗糙度要求为 $Ra1.6$ μm，尺寸精度要求较高，零件图标注符合数控加工工艺要求。

3. 工艺准备

（1）刀具选用（见表 9-7）。

表 9-7　数控加工刀具卡

产品名称或代号			零件名称		零件图号	
序号	刀具号	刀具名称	刀具规格/mm	加工表面	数量	备注
1	—	硬质合金键槽立铣刀（粗）	$\phi 12$	型腔侧、底	1	
2	—	硬质合金键槽立铣刀（精）	$\phi 8$	型腔边缘	1	
编制		审核	批准		共　　页	第　　页

（2）量具选用：0~150 mm 游标卡尺、25~50 mm 公法线外径千分尺及内径千分尺、0~10 mm 百分表及磁表座、平行垫铁、Z 向定位器、寻边器。

（3）机床配置机用平口钳（手动、机动）、垫铁若干、软钳口、橡胶锤或铜棒。

4. 工艺分析

（1）工件坐标系的原点设置，在零件上表面中心点作为编程原点，对刀将 $\phi 12$ mm 键槽立铣刀 X、Y、Z 向的零偏值输入到工件坐标系 G54 中工件上表面为 Z0（将 $\phi 12$ mm 键槽立铣刀 X、Y、Z 向的零偏值输入到工件坐标系 G55 中，工件上表面为 Z0）。

（2）选用 $\phi 12$ mm 键槽立铣刀，粗加工不加刀具半径补偿，直接从圆角正方形起刀坐标点（X0、Y18.5），垂直进刀深度为 4 mm，第一次顺时针环绕型腔正方形圆角走刀一周，然后至中心圆起刀坐标点（X0、Y16.5）环形顺时针中心圆走刀一周完成切削粗加工。

（3）利用同一把 $\phi 12$ mm 立铣刀重新返回圆角正方形起刀坐标点（X0、Y18.5），继续垂直进刀至深度 8 mm，顺时针环绕型腔正方形圆角走刀一周，然后至中心圆起刀坐标点（X0、Y16.5）环形顺时针中心圆走刀一周完成第二次切削粗加工。

（4）精加工换 $\phi 8$ mm 立铣刀，利用刀具半径补偿铣削功能，采用圆弧切入、圆弧切出，从圆角正方形起刀坐标点（X0、Y −15）垂直入刀深度为 8 mm，设切入圆弧半径为 $R10$ mm，顺时针环绕型腔正方形圆角走刀一周并圆弧切出，然后抬刀 $Z=5$ mm 至中心圆起刀坐标点（X0、Y20）垂直入刀深度为 8 mm，设圆弧切入半径为 $R10$ mm，逆时针环中心圆走刀一周并圆弧切出完成切削精加工。

（5）工件毛坯为正方体，可采用平口钳（软钳口）装夹，并用磁座百分表找正，为了不损伤工件，应下垫两块平行垫铁，上表面至少要高出钳口 10 mm。

（6）工艺流程见表 9-8。

（7）确定加工参数。根据机床的性能，工件尺寸精度、刀具材料、工件材料以及机床的刚性，参考机械加工手册选取，具体参看数控加工工艺卡。

（8）数控加工工艺卡见表 9-9。

表 9-8　工艺流程

工序号	工序内容	工序简图(走刀路线图)
1	第一次 $\phi12$ mm 键槽立铣刀从起刀坐标点 X0、Y18.5 垂直进刀深度为 4 mm,顺时针环绕型腔正方形圆角走刀一周至起刀坐标点 X0、Y16.5 环形顺时针中心圆走刀一周完成切削粗加工	 第一次型腔外沿轨迹 第一次型腔内沿轨迹整圆 4 4
2	第二次 $\phi12$ mm 键槽立铣刀重新返回起刀点 X0、Y18.5 继续垂直进刀至深度 8 mm,顺时针环绕型腔正方形圆角走刀一周至起刀坐标点 X0、Y16.5 环形顺时针中心圆走刀一周完成切削粗加工	 第二次型腔外沿轨迹 第二次型腔内沿轨迹整圆 8
3	第三次换 $\phi8$ mm 键槽立铣刀利用刀具半径补偿($D01=4$ mm),分别从圆角正方形起刀坐标点 (X0、Y-15)和中心圆起刀坐标点(X0、Y20)垂直入刀深度为 8 mm,切入圆弧半径为 $R10$,实现顺时针与逆时针环走刀一周完成精加工	 第三次型腔外沿轨迹精加工 第三次型腔内沿轨迹整圆精加工 8

197

第 9 章　数控铣床(加工中心)加工工艺的应用

表 9-9 数控加工工艺卡

单位		机床型号		零件名称				第 页
工序		工序名称		程序编号			备注	
工步	作业内容	半径补偿号	长度补偿号	$n/(\text{r/min})$	$f/(\text{mm/min})$	$\alpha_{\text{p}}/\text{mm}$	半径补偿	
1	粗加工	—	—	1 100	200	4	—	
2	精加工	D01	—	1 900	150	侧 0.5	4	
3	整体精度检验(卸件)							

9.2 加工中心典型零件加工工艺

9.2.1 孔类零件加工工艺

1. 零件工单

如图 9-4 所示为孔类零件,材料为 45 钢,毛坯:1 060 mm×40 mm×20 mm,坯料已经完成四周及上、下表面的铣削加工(批量加工)。

2. 图样分析

该零件为高精度孔加工、矩形对称结构零件。有一个中心圆沉孔 $\phi 30^{+0.05}_{0}$ mm、两个通孔分别为 $\phi 18$H7 查表《公差与配合基本偏差》其公差为 $\phi 18^{+0.021}_{0}$ mm、均有表面粗糙度 $Ra1.6$ μm 和尺寸精度要求,中间通孔为 $\phi 15$ mm 表面无粗糙度要求,该图标注符合数控加工工艺要求。

图 9-4 孔类零件

3. 工艺准备

(1)数控加工刀具卡见表 9-10。

表 9-10　数控加工刀具卡

产品名称或代号			零件名称		零件图号	
序号	刀具号	刀具名称	刀具规格/mm	加工表面	数量	备注
1	T01	中心钻	A2.5	中心定位孔	1	
2	T02	钻头	$\phi17.5$	两侧 $\phi18H7$ mm 通孔	1	
3	T03	钻头	$\phi15$	阶梯通孔	1	
4	T04	铰刀	$\phi18$	两侧通孔	1	
5	T05	键槽立铣刀	$\phi12$	铣 $\phi30^{+0.05}_{0}$ mm 中心圆沉孔	1	
编制		审核		批准	共　页	第 页

（2）量具：0~120 mm 游标卡尺、5~30 mm 内径千分尺及 0~150 mm 深度游标卡尺磁性表座及百分表。

（3）机床配置机用平口钳（手动、机动）、垫铁若干、软钳口、橡胶锤或铜棒。

3. 工艺分析

（1）工件坐标系的原点设置，在零件上表面中心孔位置，将对刀标准刀具 X、Y、Z 向的零偏值输入到工件坐标系 G54 中，工件上表面为 Z0，其他刀具使用刀具检测仪进行长度检测，实施刀具长度补偿。

（2）该零件的两侧通孔的尺寸精度及表面粗糙度较高，故可采用钻、铰孔方式进行加工，中间圆柱形沉头孔精度高需要用钻、镗孔方式进行加工，下部通孔精度较低可采直接钻孔加工，另外钻孔时需注意钻头的超越量。

（3）选用 T05 刀具 $\phi12$ mm 键槽立铣刀，粗加工不加刀具半径补偿，直接从 $\phi30^{+0.05}_{0}$ mm 起刀坐标零点（X0、Y0），垂直进刀 8 mm，以半径 $R=8.75$ mm 顺时针绕一周。

（4）然后至中心圆起刀坐标点（X0、Y5），采用刀具半径补偿（D05=6）以半径 $R=10$ mm 圆弧切入、切出，顺时针走刀一周完成切削精加工。

（5）铰孔精加工余量取 0.1~0.2 mm（直径量），精镗孔余量取 0.4~0.6 mm（直径量）。

（6）工艺流程卡见表 9-11。

表 9-11　工艺流程卡

工序号	工序内容	工序简图（走刀路线图）
1	A2.5 中心钻加工三个定位中心孔深为 2 mm	
2	钻 $\phi17.5$ mm 通孔两个深为 25 mm 超越量 5 mm	

数控加工工艺

工序号	工序内容	工序简图(走刀路线图)
3	钻 φ15 mm 中心通孔深为 25 mm,超越量为 5 mm	
4	铰 φ18H7 mm 两侧通孔,深为 25 mm,超越量为 5 mm	
5	使用 φ12 mm 铣刀至起刀点(X=0、Y=0),并以 R=8.75 mm 顺时针绕一周粗加工中心沉头孔至 φ29.5 mm,切削背吃刀量为 8 mm	φ29.5
6	精镗 φ29.5 mm 中心圆沉孔至 φ(300+0.05) mm,深度为 8 mm圆弧半径补偿(D05=6)	

200

（7）确定加工参数。根据机床的性能,工件尺寸精度、刀具材料、工件材料以及机床的刚性,参考机械加工手册选取,具体参看数控加工工艺卡。

（8）数控加工工艺卡（见表9-12）。

表9-12　数控加工工艺卡

单位		机床型号		零件名称				第　页	
工序		工序名称		程序编号		备注			
工步	作业内容	刀号	半径补偿号	长度补偿号	$n/(\text{r/min})$	$f/(\text{mm/min})$	α_p/mm	半径补偿	
1	钻 A2.5 中心孔	T01	—	H01	600	50	—		
2	钻 φ17.8 mm 两孔	T02	—	H02	400	80	8.9		
3	钻 φ15mm 中心孔	T03	—	H03	400	80	7.5		
4	铰 φ18 mm 两侧孔	T04	—	H04	200	120	0.1	—	

工步	作业内容	刀号	半径补偿号	长度补偿号	n/(r/min)	f/(mm/min)	α_p/mm	半径补偿
5	粗镗、精镗中心沉孔 至 ϕ29.5 mm	T05	—	H05	800	150	8	—
6	精镗中心沉孔至 $\phi30^{+0.05}_{0}$ mm		D05		1200	60	侧0.25	6
7	整体精度检验(卸件)							

9.2.2　槽类零件加工工艺

1. 零件工单

如图 9-5 所示为圆弧槽类零件,材料为 45 钢,毛坯为 100mm×80mm×20mm,毛坯已经完成四周及上、下表面的铣削加工(批量加工)。

图 9-5　圆弧槽板零件

2. 图样分析

该零件图为四个对称结构高精度尺寸的圆弧腰形槽宽度为 $12^{+0.03}_{0}$ mm、深度为 5±0.02 mm,两个对称通孔为 $\phi10^{+0.04}_{0}$ mm,并有以中心平面为基准的对称度为 0.04 mm 的要求,中心倒角为 C1.5 mm 通孔为 $\phi30^{+0.15}_{0}$ mm,有以底面为基准的垂直度为 0.04 mm 的要求,另外有表面粗糙度为 Ra1.6 μm 的要求,上、下台之间有 $5^{+0.04}_{0}$ mm 的尺寸精度要求,零件图标注符合数控加工工艺要求。

3. 工艺准备

（1）数控加工刀具卡见表9-13。

表9-13　数控加工刀具卡

产品名称或代号				零件名称		零件图号	
序号	刀具号	刀具名称	刀具规格/mm	加工表面		数量	备 注
1	T01	键槽立铣刀	$\phi20$	凸台外轮廓面		1	
2	T02	中心钻	A2.5	钻定位孔及工艺孔		1	
3	T03	钻头	$\phi9.7$	钻 $\phi10^{+0.04}_{0}$mm 底孔		1	
4	T04	绞刀	$\phi10$	铰 $\phi10^{+0.04}_{0}$ 孔		1	
5	T05	钻头	$\phi28$	钻 $\phi30^{+0.15}_{0}$mm 底孔		1	
6	T06	镗刀	$\phi18$	镗 $\phi30^{+0.15}_{0}$mm 孔		1	
7	T07	锪孔钻	90°锥角	锪 C1.6 倒角		1	
8	T08	键槽立铣刀	$\phi12$	表面圆弧腰形槽		1	
编制		审核		批准		共　页	第　页

（2）量具选用：0～120 mm 的游标卡尺、0～150 mm 的深度游标卡尺、磁性表座及百分表。0～25 mm 的深度千分尺、0～25mm 的内径千分尺、25～50mm 的内径千分尺。

（3）机床配置机用平口钳（手动、机动）、垫铁若干、软钳口、橡胶锤或铜棒。

3. 工艺分析

（1）工件坐标系的原点设置在零件上表面中心点位置，将对刀标准刀具 X、Y、Z 向的零偏值输入到工件坐标系 G54 中，工件上表面为 Z0，其他刀具使用刀具检测仪进行长度检测，实施刀具长度补偿。

（2）对工件外轮廓粗、精加工，可以通过刀具半径补偿的方法来实现，使用同一程序，通过刀具半径参数补偿分三次调用子程序加工。

（3）外轮廓粗、精加工采用 $\phi20$ mm 键槽立铣刀，圆弧腰形槽采用 $\phi12$ mm 键槽立铣刀。

（4）确定加工顺序：

①用 $\phi20$ mm 硬质合金键槽立铣刀加工外轮廓；（可经过两次半径补偿去除周边余料，一次精加工）

②用 A2.5 中心钻加工两侧中心孔及圆弧槽工艺孔；

③用 $\phi9.7$ mm 钻头加工两侧底孔；

④用 $\phi10$ mm 铰刀铰削加工 2×$\phi10$ mm 的孔至尺寸要求；

⑤用 $\phi28$ mm 钻头加工中心 $\phi30^{+0.15}_{0}$mm 底孔；

⑥用 $\phi12$mm 键槽立铣刀镗削加工 $\phi30^{+0.15}_{0}$ mm 孔至尺寸要求；

⑦用 $\phi35$ mm 的 90°锪孔钻加工倒角 C1.5 至尺寸要求；

⑧用 $\phi12$ mm 硬质合金键槽立铣刀定尺寸加工四个圆弧腰槽至尺寸要求。

（5）工件上曲面相关点坐标值如图9-6所示，圆弧腰形槽相关点坐标值如图9-7所示。

图 9-6　曲面轮廓刀具路线图

图 9-7　圆弧槽走刀尺寸图

（6）工件装夹。对于规方后的坯料宜选用平口钳（软钳口）。以底面和两侧面为定位安装面，定位前用磁性座百分表找正调整钳口与机床 X 轴的平行度，将其控制在 0.02 mm 之内。调整后工件下垫平行铁垫，工件上表面出钳口 10 mm 左右，用塑胶锤敲击工件，使垫铁不能移动后夹紧工件。

（7）工艺流程卡见表 9-14。

表 9-14　工艺流程卡

工序号	工序内容	工序简图（走刀路线图）
1	用 $\phi20$ mm 硬质合金键槽立铣刀经两次粗加工外轮廓去除工件四周余料（D01 = 18、D02 = 10.5）	
2	用 $\phi20$ mm 硬质合金键槽立铣刀精加工外轮廓（D03 = 10）	

203

第 9 章　数控铣床（加工中心）加工工艺的应用

工序号	工序内容	工序简图(走刀路线图)
3	用 A2.5 中心钻加工两侧定位中心孔及中心圆定位孔	
4	用 $\phi9.7$ mm 加工两侧底孔；用 $\phi28$ mm 钻头加工中心圆底孔	
5	用 $\phi10$ mm 铰刀铰削加工两侧 $2\times\phi10$ mm 的孔至尺寸要求	
6	用 $\phi12$ mm 键槽立铣刀加工 $\phi(300+0.15)$ mm孔至尺寸要求	
7	用 $\phi35$ mm 的 90° 锪孔刀加工倒角 $C1.5$ 至尺寸要求	

工序号	工序内容	工序简图(走刀路线图)
8	用 φ12 mm 硬质合金键槽立铣刀定尺寸加工四个圆弧腰槽至尺寸要求	

（8）切削用量加工参数。

切削用量根据刀具加工性质、实际加工数值、机床性能、参阅相关金属切削手册，并结合实际经验来确定。

（9）数控加工工艺卡见表9-15。

表 9-15 数控加工工艺卡

单位			机床型号		零件名称				第 页
工序		工序名称			程序编号			备注	
工步	作业内容	刀具号	半径补偿号	长度补偿号	$n/$ （r/min）	$f/$ （mm/min）	$\alpha_p/$ mm	半径补偿	
1	外轮廓加工	T01	D01/D02/D03	H01	800/1500	200/ 80	10	18/10.5/10	
2	钻定位孔	T02	—	H02	1 200	60	—	—	
3	钻 φ10 mm 底孔	T03	—	H03	300	30	5	—	
4	铰 φ10 mm 孔	T04	—	H04	300	30	0.15	—	
5	钻 φ30 mm 底孔	T05	—	H05	200	30	15	—	
6	镗 φ30 mm 孔	T06	—	H06	200	30	0.5	—	
7	锪 $C1.5$ 倒角	T07	—	H07	18	200	—	—	
8	铣表面圆弧腰槽	T08	—	H08	800	80	5	—	
9	整体精度检验(卸件)								

相关链接

用刀具的相应尺寸来保证工件被加工部位尺寸的方法称为定尺寸法。它是利用标准尺寸的刀具加工，加工面的尺寸由刀具尺寸决定。即用具有一定的尺寸精度的刀具（如铰刀、扩孔钻、钻头等）来保证工件被加工部位（如孔）的精度。定尺寸法操作方便，生产率较高，加工精度比较稳定，在各种类型零件的生产中广泛应用。

第 9 章 数控铣床（加工中心）加工工艺的应用

9.3 加工中心综合类零件加工工艺

9.3.1 凸轮零件加工工艺

1. 零件工单

槽形凸轮零件如图 9-8 所示,在数控加工中心加工前,$\phi 45$ 中心孔、$\phi 75$ 轮毂、前后端面、外圆已经在普通车床上加工完成;轴键槽在拉床上加工完成。

本例讨论外轮廓、中间凸轮内滚子槽、中间 $R = 23\text{mm}$ 半圆形减重槽的加工工艺。该零件的材料为 HT200(批量加工)。

2. 图样分析

该零件所要加工的部分:

(1)凸轮外轮廓由 $R152$ mm、两处 $R50$ mm、两处 $R117$ mm、$R182$ mm 六段圆弧组成。

(2)凸轮槽由槽宽 $50^{+0.15}_{-0.05}$ mm、凸轮槽环形由 $R126$ mm、$R50$ mm、$R104$ mm、$R168$ mm 六段圆弧组成凸轮槽外边;由 $R76$ mm、$R50$ mm、$R54$ mm、$R118$ mm、六段圆弧组成圆弧槽内边。

(3)中间半圆形减重圆弧槽由一段槽宽 46 mm 中心圆弧槽由 $R = 88$ mm 外边与中心圆弧槽 $R = 42$ mm 内边组成。

组成轮廓的各几何元素关系清楚,条件充分,所需要基点坐标图已给出,零件图标注符合数控加工工艺要求。

图 9-8 槽形复合凸轮

3. 工艺准备

（1）材料为灰铸铁，切削工艺性能好，可选用高速钢平底铣刀与高速钢键槽铣刀。数控加工刀具卡见表9-16。

表 9-16　数控加工刀具卡

产品名称或代号				零件名称		零件图号	
序号	刀具号	刀具名称	刀具规格/mm	加工表面	数量	备	注
1	T01	高速钢平底立铣刀(粗)	$\phi 20$	粗加工凸轮外轮廓	1		
2	T02	高速钢平底立铣刀(精)	$\phi 16$	精加工凸轮外轮廓	1		
3	T03	高速钢键槽立铣刀(粗)	$\phi 18$	粗加工凸轮槽、中间半圆形减重圆弧槽	1		
4	T04	高速钢键槽立铣刀(精)	$\phi 14$	精加工凸轮槽	1		
编制		审核		批准		共　　页	第　　页

（2）量具选用。0~150 mm 的深度尺、0~150 mm 的游标卡尺、万能高度仪、$\phi 50$ mm 的滚子。

（3）夹具选用。由于批量生产，因此需制作专用夹具。

（4）专用夹具概述。根据毛坯的特点，选择工件上 $\phi 45$ mm 的孔端面和 $\phi 75$ mm 外圆定位，孔键槽部位采用 $\phi 12$ mm 螺钉做定位挡块，用一块 R147 mm、R45 mm、R112 mm、R177 mm 六段圆弧组成凸轮垫块，在垫块上精镗 $\phi 75$ mm，深 25 mm 定位孔，垫板平面度为 0.05 mm，该零件在加工前，先固定夹具的平面，使两定位孔的中心线与机床 Z 轴平行，夹具平面要保证与工作台面平行，并用百分表检查，凸轮装夹示意图如图9-9所示（专用夹具制作略）。

图 9-9　复合凸轮装夹示意图

4. 工艺分析

（1）工件坐标系的原点设置在零件上表面孔端面中心位置上，将标准刀具 X、Y、Z 向的零偏值输入到工件坐标系 G54 中，工件上表面为 Z0，其他刀具使用刀具检测仪进行长度检测，实施刀具长度补偿。

（2）装夹加工走刀路线，如图9-10所示。

（3）确定加工顺序：

①用 $\phi 20$ mm 高速钢平底立铣刀周铣粗加工外轮廓留精加工余量 0.4 mm。

②用 $\phi 18$ mm 高速钢平底立铣刀周铣，采用与圆弧切线方向切入、完成走刀后再圆弧切线方向切出方式精加工外轮廓。

③对于内凸轮槽加工应从过渡圆弧切入、切出，深度进给采用层切法加工，粗加工可分 5 层切削，每层背吃刀量为 5 mm，由于槽宽有 50 mm 精度要求及表面 $Ra1.6$ μm 要求，槽底表面粗糙度 $Ra6.3$ μm 不需精加工，因此只需留精加工侧吃刀量 0.5 mm，采用顺铣方

图 9-10　复合凸轮槽加工走刀路线

式进行铣削，每层加工环形走刀完成后，再继续第二层，直到 25 mm 深度位置。

④对于中间半圆形减重圆弧槽加工，由于该槽无尺寸精度和表面粗糙度要求，因此，无须精加工处理。

（4）机械加工工艺过程卡见表 9-17。

表 9-17　机械加工工艺过程卡

工序号	工序名称	作 业 内 容	加工设备
1	下料	$\phi 190$mm×75mm	切割机床
2	普车	车削 $\phi 182$mm 外圆、$\phi 45$mm 中心孔、$\phi 75$mm 轮毂	普通车床
3	拉削	$\phi 45$mm 中心孔内键槽	拉床
	工件装夹		手工
4	外轮廓粗铣、半精铣、精铣 凸轮槽两侧边粗铣、半精铣、精铣	（1）用 $\phi 20$ mm 高速钢平底立铣刀分别周铣粗加工外轮廓，即由 $R152$ mm、$R50$ mm、$R117$ mm、$R182$ mm 六段圆弧组成的外轮廓 （2）用 $\phi 16$ mm 高速钢平底立铣刀分别精加工外轮廓，即由 $R152$ mm、$R50$ mm、$R117$ mm、$R182$ mm 六段圆弧组成的外轮廓 （3）用 $\phi 18$ mm 高速钢键槽立铣刀分别粗加工凸轮槽，分 5 次深度进给每次背吃刀量 5 mm，即 $R126$ mm、$R55$ mm、$R104$ mm、$R168$ mm 六段圆弧组成圆弧槽的外侧边和 $R76$ mm、$R50$ mm、$R54$ mm、$R118$ mm 六段圆弧组成圆弧槽的内侧边 （4）用 $\phi 14$ mm 高速钢立铣刀精加工凸轮槽，垂直进刀至深度为 25 mm，采用圆弧切入、圆弧切出方式切去精加工余量，即侧吃刀量为 0.5 mm，运行路线绕槽内壁环形走刀 （5）用 $\phi 18$ mm 高速钢键槽立铣刀在垂直方向上分 5 次，每次进刀 5 mm，直至总深度 25 mm，每次环半圆绕行走刀方式	加工中心
5	整件去毛刺		手工
6	整件检验		

（5）数控加工工艺过程卡见表9-18。

表9-18　数控加工工艺过程卡

单位			产品名称		零件名称			第　　页	
工序			工序名称		程序编号		备注		
工步号	作业内容			刀具号	刀具名称	主轴转速（r/min）	进给速度/（mm/min）	背吃刀量/mm	
	用夹具安装凸轮件								
1								手控	
2				T01	平底立铣刀	600	180	—	
3				T02	平底立铣刀	1 000	90	侧0.4	
4				T03	键槽立铣刀	710	150	5	
5				T04	键槽立铣刀	800	75	侧0.5	
6				T03	键槽立铣刀	1 200	100	5	
7				工件精度检验					

（6）数控加工工艺卡见表9-19。

表9-19　数控加工工艺卡

单位		机床型号		零件名称				第　　页	
工序		工序名称		程序编号		备注			
工步	作业内容	刀具号	半径补偿号	长度补偿号	n/（r/min）	f/（mm/min）	α_p/mm	半径补偿	
1	粗加工凸轮外轮廓	T01	D01	H01	800	200/	—	10.4	
2	精加工凸轮外轮廓	T02	D02	H02	1 200	60	侧0.4	10	
3	粗加工凸轮槽	T03	D03	H03	1 100	80	5	9.5	
4	精加工凸轮槽	T04	D04	H04	1 100	80	侧0.5	9	
5	粗加工中间半圆圆弧槽	T03	D03	H03	900	80	15	9	
6	整体精度检验（卸件）								

 拓展延伸

　　对刀点（起刀点）就是加工零件时，刀具相对于工件运动的起点。对刀点既可以设置在被加工零件上，也可以设置在夹具上，但必须与零件的定位基准有一定的坐标尺寸联系，这样才能确定机床坐标系与工件坐标系的相互联系，为了提高零件的加工精度，对刀点应尽量选择在零件的设计基准或工艺基准上。如果以孔定位的零件，一般可以选择定位孔的中心作为对刀点。

9.3.2　箱体零件加工工艺

　　箱体是机械基础零部件，它将机械中的轴、套、齿轮等有关零件组装成一个整体，使它们之间保持正确的相互位置,并按照一定的传动关系协调地传递运动或动力。箱体结构形式多种多样、形状复杂、壁薄且不均匀,内部呈腔形,加工部位多,加工难度大,既有精度要求较高的孔系和平面,也有许多精度要求较低的紧固孔。

1. 零件工单

箱体零件如图9-11所示,该零件需加工的部位底面、100 mm×100 mm×10 mm 底面通槽、顶面、120 mm×70 mm×70 mm 型腔、6×M5×1.5 螺纹孔、两侧通孔凸台、两个沉头孔、ϕ50 mm 通孔。该零件为铸件其中型腔ϕ50 mm 轴承支承通孔已铸出、材料为 HT200(批量加工)。

图 9-11 箱体零件

2. 图样分析

箱体上主要加工精度是轴承支承孔 $\phi 50^{+0.03}_{0}$ mm 的尺寸精度、轴承支承孔壁对该孔的轴线有同轴度为 ϕ0.02 mm 的要求,表面粗糙度值为 Ra1.6,这些要求精度都较高,否则,将影响轴承与箱体孔的配合精度,使轴的回转精度下降。另外还有型腔、上表面、底面对沉孔轴线有垂直度为0.04mm 的要求、六个螺纹孔中心距尺寸精度为(136±0.02)mm、(86±0.02)mm 及槽底通槽的加工,零件图标注符合数控加工工艺要求。

对于尺寸精度要求,主要通过在加工过程中的精确对刀;正确选用刀具的磨损量及正确选用合适的加工工艺等措施来保证。

对于表面粗糙度的要求,主要通过选用正确的粗、精加工路线及合适的切削用量工艺等措施来保证。

3. 工艺准备

（1）设备选用。工件底面、底通槽（需找正装夹）、加工上表面、上型腔、螺纹孔及两侧台阶面的沉孔采用数控立式加工中心加工；加工两侧轴承支承孔是以底面为基准进行加工且精度较高，宜选用卧式加工中心加工。

（2）量具选用。0~150 mm 的深度尺及游标卡尺、高度尺或万能高度仪、ϕ50 mm 的滚子。

（3）夹具选用。压板夹具。

（4）刀具选用。根据加工内容选 R 型面铣刀（ϕ80 mm、R10 mm）ϕ20 mm 粗、精两把立铣刀、ϕ14 mm 粗、精两把立铣刀、ϕ2.5 mm 中心钻、ϕ4.2 mm 钻头、ϕ5 mm 丝锥、ϕ50 mm 粗、精两把镗刀，数控加工刀具卡见表 9-19。

表 9-19　数控加工刀具卡

序号	刀具号	刀具名称	刀具直径/mm	刀具直径测量值/mm	刀具长度测量值/mm	刀具半径补偿值/mm	刀具长度补偿地址（H）	刀具半径补偿地址（D）
立式加工中心刀具								
1	T01	粗铣 R 型面铣刀	ϕ80	80.02	—	—	—	—
2		精铣 R 型面铣刀			—	—	—	—
3	T02	键槽立铣刀（粗）	ϕ20	20.05	80.5	21.2	H02	D02
4	T03	键槽立铣刀（精）		20.02	79.8	20	H03	D03
5	T04	键槽立铣刀（粗）	ϕ14	14.04	105.4		H04	D04
6	T05	键槽立铣刀（精）		14.02	105.6			
7	T06	中心钻	ϕ2.5	6	20.1		—	—
8	T07	钻头	ϕ4.2	4.2	21.2		H09	D09
9	T08	丝锥	ϕ5	5	19.8		H10	D10
卧式加工中心刀具								
10	T09	粗镗刀	ϕ50	49.7	120.5		—	—
11		半精镗刀		50.05	121.2		—	—
12	T10	浮动精镗刀	ϕ50	50.0	122.1		—	—

4. 工艺分析

（1）工件坐标系的原点设置。在零件上表面中心孔位置，将标准刀具 X、Y、Z 向的零偏值输入到工件坐标系 G54 中，工件上表面为 Z0，其他刀具使用刀具检测仪进行长度检测，实施刀具长度补偿。

（2）先加工基准面，后加工其他面。箱体零件加工的一般规律是先粗、精加工基准面，后加工其他表面，也称为基准先行原则。先用粗基准定位粗、精加工出基准面，为下一步加工提供一个精确、可靠的定位基准面。本例零件应先粗、精加工底面，然后以此面为基准加工其他面。如图 9-12 所示为第一次装夹加工箱体零件底面、底槽走刀路线图。

（3）先加工平面，后加工孔。平面是箱体的装配基准，先加工主要平面，后加工孔，为孔的加工提供可靠的定位基准，再以平面为精基准定位加工孔。由于箱体上的孔分布在平面上，先加工平面可以去除铸件毛坯表面的硬皮和凹凸不平、夹砂等缺陷。对后序孔的加工有利,可减少钻头引偏和崩刃现象,对刀调整也比较方便。如图 9-13 所示为第二次装夹加工顶面、型腔、两侧通孔凸台面、两端沉头孔走刀路线。根据毛坯材料和机床性能,采用顺铣方式进行铣削。

图 9-12　第一次装夹加工底面、底槽走刀路线

图 9-13　第二次装夹加工顶面、型腔、两侧通孔凸台、两端沉头孔走刀路线

（4）为了减少装夹次数降低成本,可将粗、精加工合并在一道工序中进行,对于铸出两侧箱体支承孔的加工,由于该件为批量生产,因此,应转到卧式加工中心上进行:粗镗→半精镗→用浮动镗刀片精镗。由于主轴轴承孔精度和表面质量要求高,所以,在精镗后,还要用浮动镗刀片进行精细镗削加工。如图 9-14 所示第三次在卧式加工中心上装夹加工两侧轴承支承孔走刀路线。

（5）机械加工工艺过程卡见表 9-20。

图 9-14　第三次装夹加工两侧轴承支承孔走刀

表 9-20　机械加工工艺过程卡

序号	工序名称	作业内容	加工设备
	第一次装夹（手动）		
1	粗、精铣底面、底面通槽	（1）用 φ80 mm R 型面铣刀粗、精铣底面 （2）用 φ80 mm R 型面铣刀粗、精铣底面通槽	数控立式 加工中心
	第二次装夹	手工	
2	粗、精铣顶面、型腔、两端沉头孔顶面、台阶面、沉头孔、两侧通孔凸台面	（1）用 φ20 mm 键槽立铣刀粗、精铣顶面 （2）用 φ20 mm 键槽立铣刀粗、精铣型腔 （3）用 φ20 mm 键槽立铣刀粗、精铣两侧支承孔凸台面 （4）用 φ20mm 键槽立铣刀粗、精铣两端沉头孔顶面、台阶 （5）用 φ14mm 键槽立铣刀粗、精铣两端沉头孔	数控立式 加工中心
	第三次装夹（手动）		
3	粗、半精镗、浮动镗刀精镗两侧轴承支承孔	（1）用 φ50 mm 镗刀粗、半精镗两侧轴承支承孔 （2）用 φ50 mm 浮动镗刀精镗两侧轴承支承孔	数控卧式 加工中心
4	整件去毛刺（手动）	—	—
5	整件检验	—	—

（6）数控加工工艺卡见表 9-21。

表 9-21　数控加工工艺卡

单位		产品名称		零件名称			第　　页	
工序		工序名称		程序编号		备注		
工步号	作业内容		刀具号	刀具名称	主轴转速/ （r/min）	进给速度/ （mm/min）	背吃刀量/ mm	
第一次装夹在立式加工中心加工底面、底面通槽								
1	手动对刀（φ80 mm R 型面铣刀）						手控	
2	用 φ80 mm R 型面铣刀粗、精铣底面		T01	面铣刀	300	50	—	
3	用 φ80 mm R 型面铣刀粗、精铣底面通槽				600	60	—	
第二次装夹在立式加工中心上粗、精铣顶面、型腔、两端沉头孔、两侧支承通孔凸台								
4	手动对刀（φ20 mm 立铣刀、φ14 mm 立铣刀）						手控	
5	用 φ20 mm 立铣刀粗加工顶面		T02	立铣刀	800	75	4.5~5	
6	用 φ20 mm 立铣刀精加工顶面		T03	立铣刀	1 200	40	0.8~1	
7	用 φ20 mm 立铣刀加工型腔		T02	立铣刀	700	20	4.5~5	
8	用 φ20 mm 立铣刀精加工型腔		T03	立铣刀	800	75	0.8~1	
9	用 φ20 mm 立铣刀粗铣两侧支承孔凸台面		T02	立铣刀	700	60	4.5~5	
10	用 φ20 mm 立铣刀精铣两侧支承孔凸台面		T03	立铣刀	800	30	0.8~1	
11	用 φ20 mm 立铣刀精铣两端沉头孔顶面台阶		T03	立铣刀	1 000	30	—	

工步号	作业内容	刀具号	刀具名称	主轴转速/(r/min)	进给速度/(mm/min)	背吃刀量/mm
12	用 φ14 mm 立铣刀铣两端 φ14 mm 孔	T04	立铣刀	300	35	—
第三次装夹在卧式加工中心加工两侧轴承支承孔						
13	手动对刀（φ50 mm 镗刀）					手控
14	用 φ50 mm 镗刀粗镗两侧轴承支承孔	T01	镗刀	150	30	—
15	用 φ50 mm 镗刀精镗两侧轴承支承孔	T02	镗刀	400	40	—
16	工件精度检验					

小 结

一、轮廓类、岛屿类零件加工工艺

对于凹平面类零件加工设备的选用一般选立式铣床（加工中心），外形定位用机用平口钳夹紧，需各边找正。然后通过改变刀具补偿值，留足底面与侧面精加工余量，使用同一把刀具或粗精刀具，用同一个子程序实现对一个工件的分层切削加工、粗精加工。

二、孔、槽类零件加工工艺

对于孔类零件的加工，若孔的直径小于 φ10 mm，必须先打中心孔后再钻孔。对于直径大于 φ10 mm 的孔，还应采取先钻小孔后扩孔的工艺。对于精度要求较高的孔还要进行镗削或铰孔工艺。孔距由机床精度来保证，编程时可以用程序来进行调整。

槽类零件加工时，要注意立铣刀的选取，有的立铣刀是不能插铣的，必须先钻孔。铣槽为了简化编程也可采用多次调用子程序的办法。

三、凸轮类零件加工工艺

凸轮凹槽的轮廓曲线实际上就是圆盘上滚子中心的运动轨迹，一般都是由多段凸、凹圆弧、过渡直线所组成的，其各基点坐标可用三角函数计算，也可以借助计算机绘图软件测出。有时为了减少计算量，同时充分发挥数控系统的功能优势，只需计算凸轮理论轮廓线上的基点坐标，粗、精铣削的刀具轨迹由数控系统刀补功能来实现。另外，为了使凸轮槽内、外轮廓都能够做到顺铣，程序需要编成两段，因为它们的起刀点与出刀方向不同，而且也可将基点轨迹编成子程序。加工精度主要取决于铣刀的直径精度及机床主轴径向跳动量。在选刀时尽量选取刃长尽量短的以增强其刚性，但需要注意是不能使主轴套下的铣刀刀柄与夹具或数控转盘发生碰撞。

四、箱体类零件加工工艺

箱体类零件攻螺纹钻中心孔时，可以钻深些，将螺纹底孔倒角倒出来，在数控机床上小于 M6 和大于 M30 的螺纹一般不在机床上直接加工出来，因为小于 M6 的丝锥易折断，而大于 M30 可能由于机床功率不足而无法加工，因此，对于小于 M6 的螺纹一般采用手攻，而大于 M30 的螺纹一般采用铣削加工。

为了提高箱体零件的加工效率和保证各加工表面之间的相互位置精度，尽可能在一次装夹中完成绝大部分表面的加工。对于孔系类零件加工应分成粗加工→半精加工→精加工三个阶段进行。安排工步时，首先分别在各个工位上完成各加工表面的粗加工工步，然后再分别在各个工位上，依次完成各加工表面的半精加工（或精加工）。

复习题

编写下列图 9-15、图 9-16、图 9-17、图 9-18 所示各零件单件加工的数控加工工艺。

图 9-15　方体圆台零件

图 9-16　槽板零件图

图 9-17　双面零件

图 9-18　凸轮槽类零件

参 考 文 献

[1]华茂发.数控机床加工工艺[M].北京:机械工业出版社,2000.

[2]李斌.数控加工技术[M].北京:高等教育出版社,2001.

[3]翟瑞波.数控加工工艺[M].北京:机械工业出版社,2008.

[4]王晓霞.金属切削原理与刀具[M].北京:机械工业出版社,2000.

[5]吴光明.数控加工技术与实训[M].北京:机械工业出版社,2016.

[6]谭永刚.数控机床加工技术[M].北京:机械工业出版社,2006.

[7]苏伟.机械加工基础[M].北京:机械工业出版社,2017.

[8]李国会.数控加工工艺基础[M].长春:东北师范大学出版社,2008.

[9]孙建东,袁峰.数控机床加工工艺[M].北京:机械工业出版社,2002.

[10]崔兆华.数控加工工艺[M].北京:机械工业出版社,2005.

[11]徐衡.数控铣床和加工中心培训教程[M].北京:化学工业出版社,2008.

第9章 数控铣床(加工中心)加工工艺的应用